Malak Ben Romdhane
Mounir Frija

Estudo da resistência mecânica das próteses de anca implantáveis

Malak Ben Romdhane
Mounir Frija

Estudo da resistência mecânica das próteses de anca implantáveis

PHT na superliga de titânio Ti-6Al-4V

ScienciaScripts

Imprint

Cover image: www.ingimage.com

This book is a translation from the original published under ISBN 978-620-6-72629-6.

Publisher:
Sciencia Scripts
is a trademark of
Dodo Books Indian Ocean Ltd. and OmniScriptum S.R.L publishing group

120 High Road, East Finchley, London, N2 9ED, United Kingdom
Str. Armeneasca 28/1, office 1, Chisinau MD-2012, Republic of Moldova, Europe
Printed at: see last page
ISBN: 978-620-8-28547-0

ÍNDICE DE CONTEÚDOS

INTRODUÇÃO GERAL

Muitas pessoas sofrem de dores intensas devido à deterioração da articulação da anca, razão pela qual necessitam de próteses da anca para aliviar a dor e fazer com que a articulação volte a funcionar corretamente.

Ao longo dos anos, investigadores e cirurgiões têm trabalhado lado a lado para melhorar o desempenho das próteses e garantir o sucesso da cirurgia ortopédica. Mas, por vezes, a escolha dos materiais utilizados afecta o seu bom funcionamento. É por isso que os biomateriais são utilizados para se adaptarem melhor ao corpo humano.

E apesar dos progressos notáveis nos materiais, na conceção e nas técnicas de fabrico, a durabilidade continua a ser um objetivo de investigação, tal como os problemas de fratura da haste e de desgaste do acetábulo e da cabeça femoral.

A haste femoral é submetida a um stress policíclico durante as actividades diárias do doente, o que provoca a possibilidade de rutura.

Este livro explora as origens da fissuração e fratura da haste femoral através da utilização de modelos numéricos.

O método numérico é um meio de experimentar virtualmente o modelo. Este método complementa o método experimental para a análise dos movimentos e das deformações, nomeadamente quando as formas geométricas destes corpos são complicadas. As deformações que sofrem são importantes, os materiais de que são constituídos têm um comportamento não linear e as cargas aplicadas são dinâmicas.

O livro está dividido em quatro capítulos:

O primeiro capítulo é essencialmente dedicado a uma descrição da prótese da anca, ilustrando um conjunto de estudos bibliográficos sobre a história, a composição, as tensões, a fadiga e a fissuração das hastes implantáveis, e reúne um conjunto de estudos relativos aos diferentes materiais utilizados e aos métodos de fabrico das próteses da anca.

O segundo capítulo ilustra alguma investigação existente sobre ensaios de fadiga e mecanismos de simulação para próteses da anca.

O terceiro capítulo apresenta uma simulação e uma análise numérica utilizando o método dos elementos finitos e o software Ansys.

O quarto capítulo apresenta um estudo de simulação do comportamento à fadiga policíclica de uma haste femoral utilizando o software nCode DesignLife.

O livro termina com uma conclusão geral e uma perspetiva.

CHAPITRE 1: PESQUISA BIBLIOGRAFICA SOBRE PROTESES DA ANCA

1.1 Introdução

Este capítulo apresenta uma pesquisa bibliográfica sobre as próteses coxofemorais, também conhecidas como próteses da anca. Para uma melhor compreensão do funcionamento de uma prótese da anca, foram ilustrados estudos descritivos da articulação da anca, abrangendo a sua bioestrutura e possíveis movimentos. Foram apresentados estudos sintéticos sobre as próteses da anca, incluindo a sua história, composições, tensões e testes de fadiga em hastes implantáveis.

1.2 Dados anatómicos sobre a anca

A articulação da anca, também conhecida como articulação coxofemoral (Figura 1-1), é responsável pela movimentação dos membros inferiores em todas as direcções possíveis.

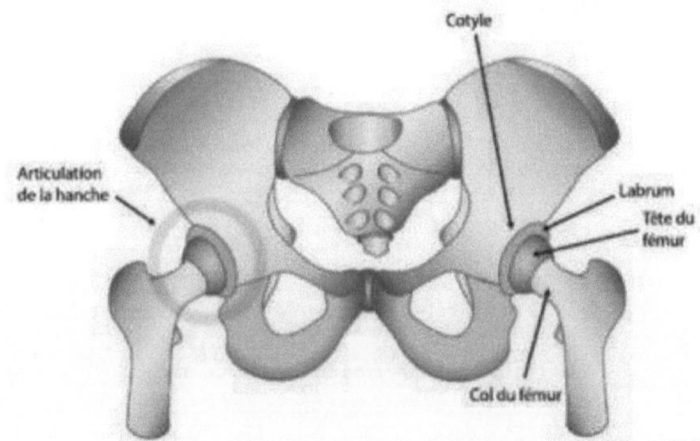

-Figura 1: Articulação coxo-femoral

Esta articulação é do tipo esferoide (articulação cuja superfície forma uma esfera, como mostra a figura 1-2) que possui três eixos e três graus de liberdade: um eixo ântero-posterior que permite o movimento de abdução e adução, um eixo transversal que permite o movimento de flexão e extensão e um eixo longitudinal que permite o movimento de rotação interna e externa (figura 1-3)[1][2].

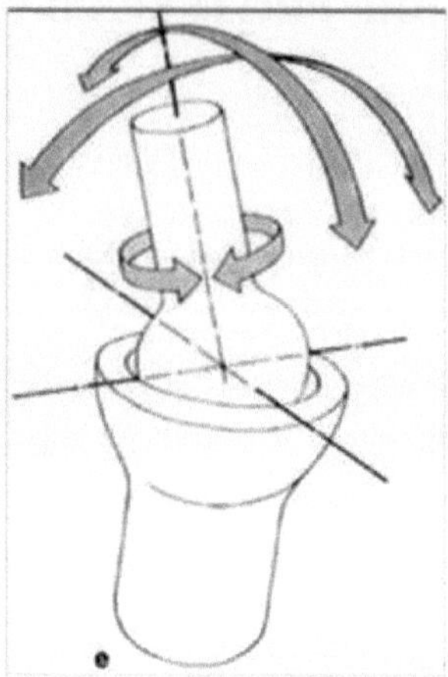

-Figura 1: A superficie esferoidal da junta

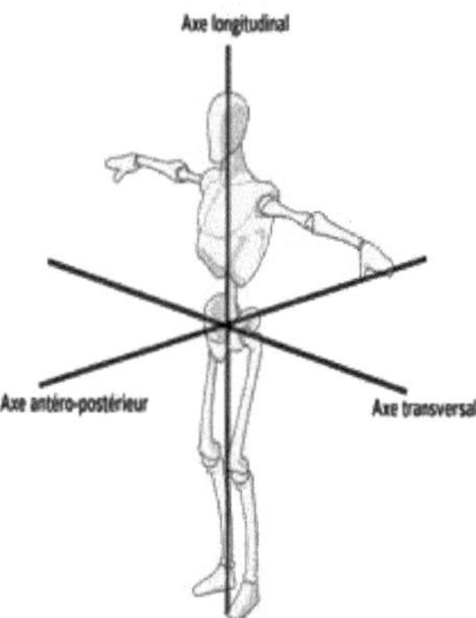

-Figura 1: Os 3 eixos que fornecem os graus de liberdade

1.2.1 Anatomia óssea

A anca (Figura 1-4) é essencialmente constituída por um osso pélvico, uma cabeça femoral que se articula numa cavidade hemisférica da bacia chamada acetábulo, cuja superfície de contacto é coberta por cartilagem, um colo femoral e um fémur :

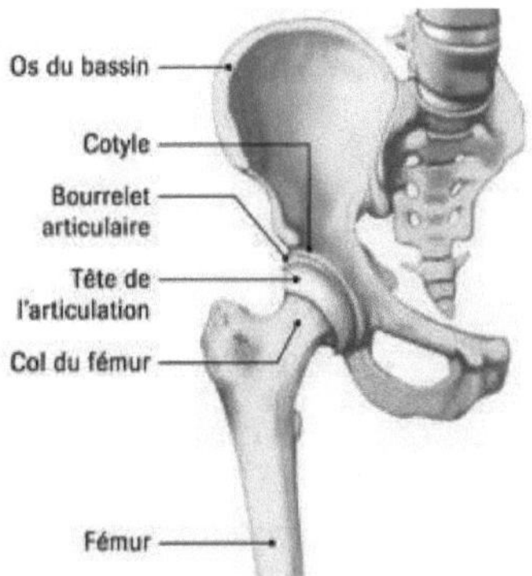

-Figura 1: Arquitetura óssea da anca

- Osso coxal: Também conhecido como osso ilíaco, é o principal osso da anca e liga a coluna vertebral aos membros inferiores. Os dois ossos coxais formam a bacia ou cintura pélvica (Figura 1-5). A cintura pélvica é muito estável, pois tem de suportar as cargas que recebe.

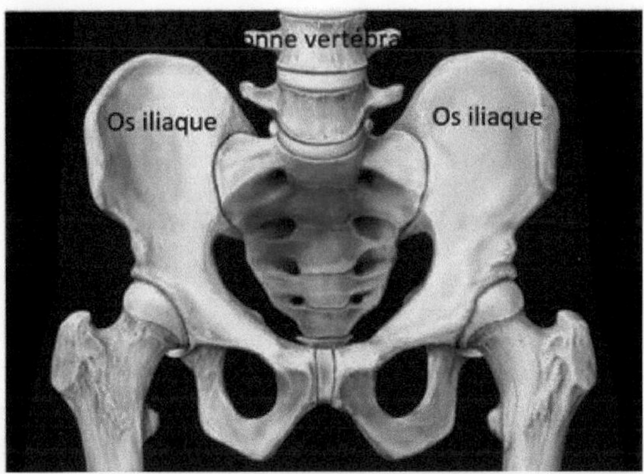

-Figura 1: A cintura pélvica

- O fémur: Também conhecido como o osso da coxa (Figura 1-6) termina na cabeça do fémur, que tem a forma de uma esfera. A cabeça do fémur encaixa no osso ilíaco numa cavidade chamada acetábulo.

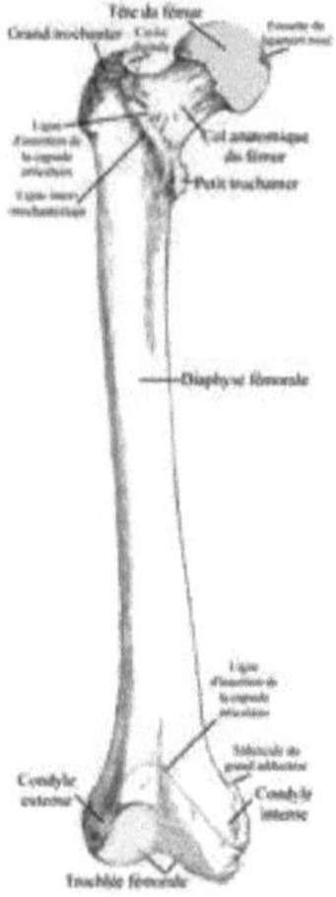

-*Figura 1: Ossos da coxa*

O ílio e o fémur estão unidos por uma cápsula articular e pelos ligamentos coxofemorais (Figura 1-7).

A cápsula articular é um invólucro fibroso e elástico que envolve a articulação. A cápsula articular e os ligamentos asseguram a estabilidade da articulação [3].

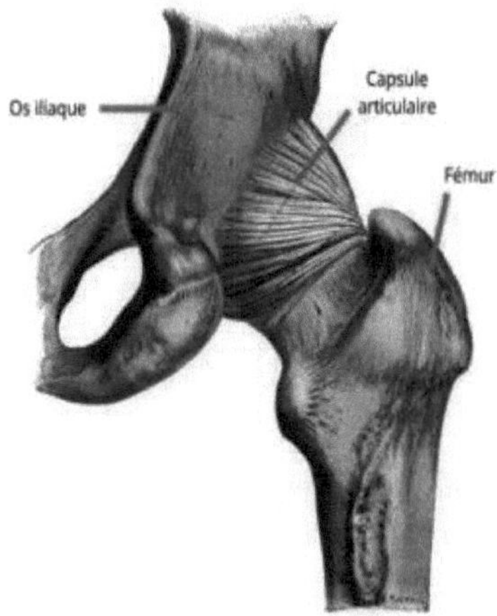

-*Figura 1: Articulação coxofemoral em vista posterior [3].*

- Cabeça do fémur: A cabeça do fémur, ligada à extremidade superior do fémur pelo colo do fémur, é uma porção de uma esfera (cerca de 2/3 de uma esfera) com um diâmetro entre 40 e 50 mm, que varia de pessoa para pessoa. É coberta por cartilagem e pelo ligamento femoral [1].
- O acetábulo: É uma cavidade que recebe a cabeça do fémur (Figura 1-8). Está localizado na superfície externa do osso ilíaco. O acetábulo tem duas partes: a cavidade acetabular e a fossa acetabular [1].

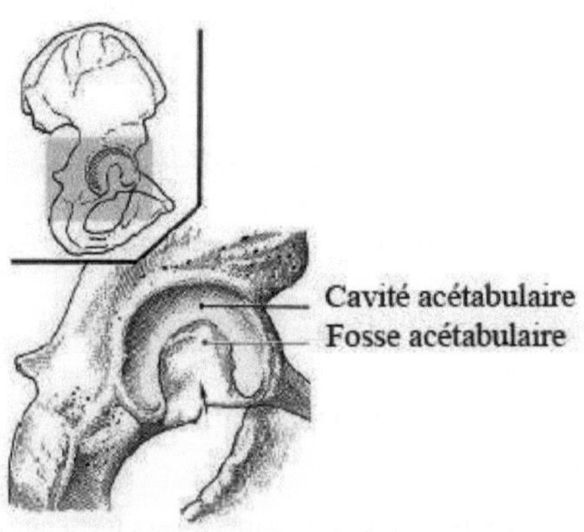

-Figura 1: Cavidade acetabular (segundo Kamina) [1].

1.2.2 Superfícies de junção

A cabeça do fémur articula-se no acetábulo. A superfície de contacto entre a cabeça e o acetábulo é ligeiramente maior do que a superfície de uma semi-esfera e é determinada pela profundidade do acetábulo. Esta superfície é reforçada pela presença do rebordo acetabular (fixado ao bordo do acetábulo: figura 1-4) e do ligamento transverso. As superfícies ósseas da cabeça femoral e do acetábulo são cobertas por uma camada de cartilagem articular lisa com cerca de 3 a 6 mm de espessura. Esta cartilagem absorve as forças e os choques entre os ossos, facilitando o deslizamento entre eles (Figura 1-9) [2].

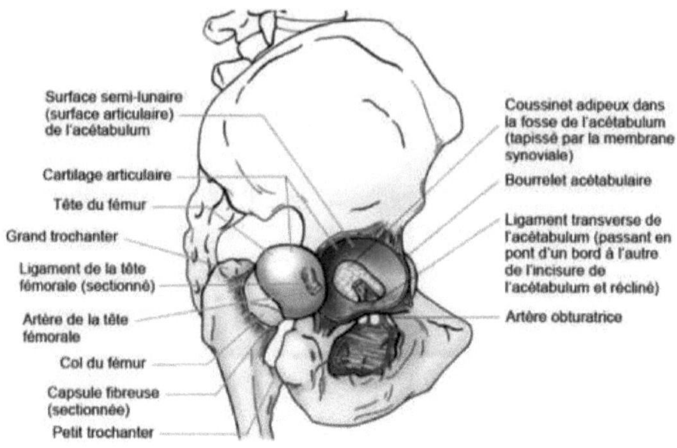

-Figura 1: Articulação coxofemoral da anca, vista lateral [2].

1.3 Informações gerais sobre próteses da anca

1.3.1 Definições

Uma prótese da anca é uma substituição artificial de uma articulação da anca destruída.

As próteses da anca são utilizadas em vários casos, incluindo a osteoartrose da anca, as fracturas do colo do fémur, a displasia da anca e a necrose avascular.

A cirurgia de substituição da anca consiste em restaurar a mobilidade da articulação através da criação de um novo espaço articular.

A cirurgia da articulação é designada por artroplastia. A artroplastia complexa consiste em substituir a totalidade ou parte da articulação doente por uma prótese. Quando a artroplastia é parcial, no caso de uma fratura do fémur, por exemplo, a cabeça do fémur é substituída por uma prótese metálica com a mesma forma. Na artroplastia total, ambas as superfícies articulares são substituídas: na anca, a cabeça e o colo do fémur são substituídos por uma prótese (feita de aço, titânio ou uma liga de crómio e cobalto), enquanto a superfície articular correspondente na bacia é substituída por um hemisfério oco (feito de polietileno ou metal) [4].

O objetivo desta cirurgia é aliviar a dor e melhorar a qualidade de vida dos doentes operados. Dá também aos doentes a possibilidade de voltarem a ter uma vida ativa e confortável.

1.3.2 História

èmeNo início do século XX, os cirurgiões ortopédicos depararam-se com dois tipos de problemas da anca: a osteoartrose e a fratura do colo do fémur. A osteoartrose é o desgaste da cartilagem que faz desaparecer o revestimento que permite à cabeça do fémur deslizar suavemente no interior do acetábulo.

Para substituir a cartilagem perdida, são inseridos numerosos materiais entre a cabeça do fémur e o acetábulo: gesso, madeira de buxo, borracha, chumbo, zinco, cobre, ouro, prata ou fragmentos de bexiga de porco. Nenhum destes materiais é adequado: são demasiado frágeis, demasiado moles ou demasiado tóxicos [5].

A evolução histórica da prótese total da anca está resumida no quadro seguinte

-Quadro 1: Evolução cronológica das próteses da anca [5] e [6].

Ano	Autor	Descrição	Figura
1922	Hei-Groves [5]	Substituiu toda a cabeça do fémur por uma esfera de marfim do mesmo calibre, presa por uma pega que passava pela haste do fémur. Esta operação continua a ser um caso isolado, embora o resultado seja satisfatório quatro anos após a operação.	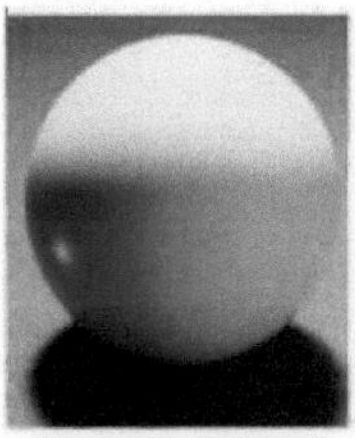 *-Figura 11: Cabeça do fémur em marfim*
1923	Marius Smith-Petersen [5]	Criou a primeira artroplastia utilizando moldes finos de vidro que interpôs entre as duas superfícies da anca. Esta lente tem apenas alguns milímetros de espessura. A desvantagem deste método é a fragilidade e a necrose da cabeça do fémur.	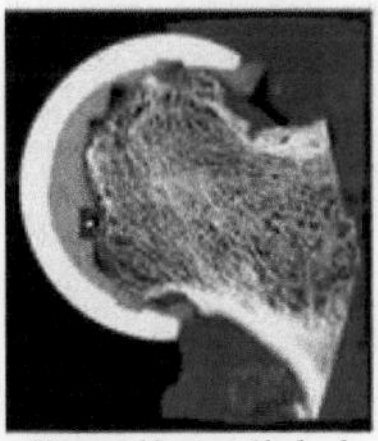 *-Figura 12: Acetábulo de vidro*
1939	Bohlman de Baltimore	Desenvolveu a primeira prótese femoral feita de metal Vitallium (uma liga de 65% de cobalto, 30%	

		de crómio, 5% de molibdénio e outras substâncias que resistem à corrosão). Substitui a cabeça do fémur e a cartilagem que a cobre. Esta solução elimina o risco de necrose. Optou por fixar a cabeça metálica ao córtex exterior do colo do fémur com um prego. As duas primeiras operações não foram bem sucedidas, pelo que Bohlma decidiu verticalizar o prego. Os resultados foram algo conclusivos.	
1946	Os irmãos Judet [5][6]	Substituíram a cabeça retirada por uma esfera do mesmo calibre feita de metacrilato de metilo, mais conhecido por Plexiglas. Esta está ligada a um pivô que passa diretamente pelo colo do fémur. Em todos os casos, os resultados imediatos foram bons, mas rapidamente se tornaram decepcionantes a médio prazo. As mudanças de forma não alteraram nada. Estes fracassos devem-se a uma intolerância aos resíduos de desgaste do acrílico, que foi definitivamente abandonado em 1949.	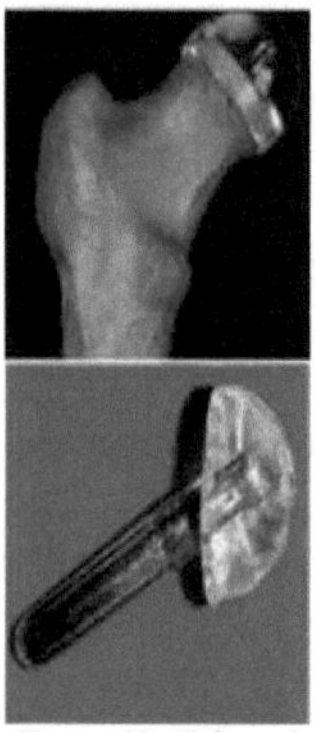 *-Figura 13: Cabeça de plexiglas*
1950	Austin Moore [5][6]	Propôs manter a cabeça femoral suportada por uma haste fixada no canal medular do fémur (Figura 1-14). Poucos dias após a operação, a forma definitiva toma rapidamente a forma da haste. A prótese Moore é feita de Vitallium. É feita uma janela na haste protésica para permitir o crescimento ósseo e é colocado um orifício na parte superior do colo. Esta solução é muito útil para tratar as fracturas do colo do fémur. Apesar disso, na osteoartrose, perante a cabeça metálica, a cartilagem desgastada do acetábulo mantém-se inalterada. Este tratamento requer uma prótese total em que a cabeça femoral e as	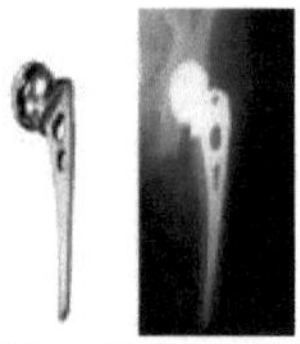 *-Figura 14: Prótese de mouro* 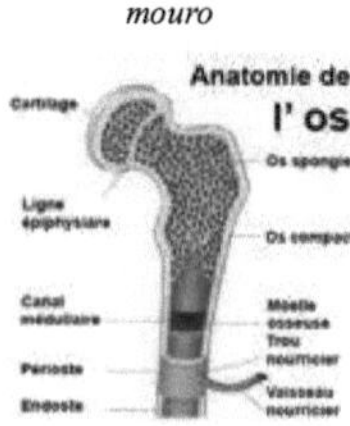 *-Figura 15: Canal medular*

		cúpulas acetabulares são substituídas.	
1951	George Mac Kee [5][6]	A sua escolha foi o metal. A nova cabeça femoral rola para dentro do acetábulo, que é coberto por uma concha metálica. A fixação ao osso continua a ser o principal problema. O acetábulo é fixado por um parafuso posterior de grandes dimensões. O componente femoral é fixado ao córtex diafisário através de uma placa. No caso da prótese de aço inoxidável, esta pode soltar-se em menos de um ano. A Vitallium THR permaneceu no sítio durante mais de três anos, antes de o colo da prótese se partir.	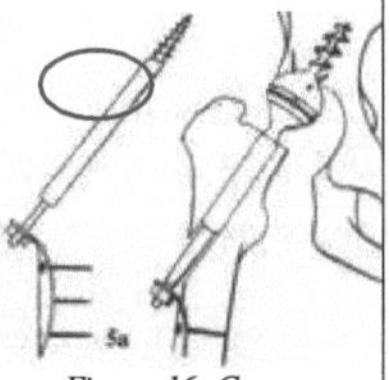 *-Figura 16: Copo e cabeça aparafusados suportados por uma placa alvo*
1952	Thompson [5][6]	Propôs um modelo semelhante à prótese de Moore, mas sem janela. O modelo tipo Thompson é constituído por um componente femoral com uma cabeça ligeiramente mais pequena para permitir a sua articulação no interior do acetábulo protésico metálico. Este modelo foi utilizado de 1956 a 1960 e os resultados foram bastante satisfatórios durante mais de 10 anos. No entanto, 10 dos 26 casos sofreram afrouxamento.	 *-Figura 17: Prótese de Thompson*
1960	Mac Kee [5][6]	Como solução para o problema causado pela fricção repetida de uma peça metálica contra outra, propôs uma haste Vitallium com uma grande cabeça femoral que se articula num acetábulo metálico Vitallium e um grande parafuso acetabular para manter os dois componentes unidos. Apesar das melhorias introduzidas por Mac Kee, o afrouxamento precoce persistiu num grande número de casos. Por conseguinte, Charnley, Mac Kee e Farrar decidiram abandonar a combinação	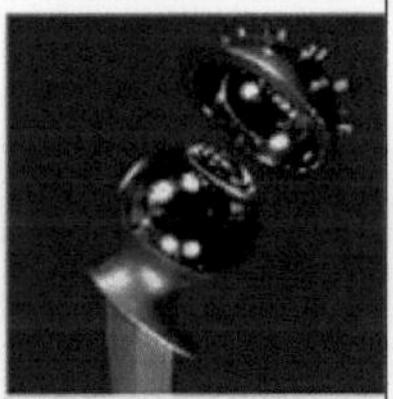 *-Figura 18: Substituição total da anca de Mac Kee*

		metal-metal e utilizar uma cúpula de polietileno de alta densidade.	
1960	John Charnley [5][6]	Propôs vários princípios: novos materiais, fixação de cimento, novo tamanho da cabeça protésica, nova abordagem. Desenvolveu um novo conceito que consiste em cobrir as superfícies articulares remodeladas com uma fina película de plástico (polímero PTFE). Estes copos finos dão resultados imediatos espectaculares. No entanto, a cabeça do fémur que recebe o acetábulo de Teflon sofre rapidamente complicações de deslocação. Assim, voltou às suas primeiras cúpulas acetabulares de Teflon e colocou próteses constituídas por um acetábulo de sua própria invenção e uma haste femoral metálica do tipo Moore fixada com cimento ósseo. Os resultados são bastante bons, mas o acetábulo muito fino desgasta-se rapidamente e continua a soltar-se num número significativo de casos. A solução consiste em reduzir o diâmetro natural da cabeça do fémur de 41 milímetros para 22 milímetros. É a artroplastia de baixo atrito. No entanto, ao fim de alguns anos, a cabeça pequena impõe uma pressão insuportável sobre a cúpula, que se desgasta demasiado depressa.	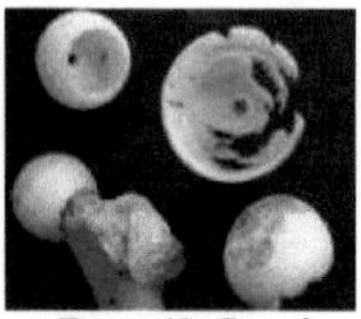 *-Figura 19: Copo de polímero (PTFE)* 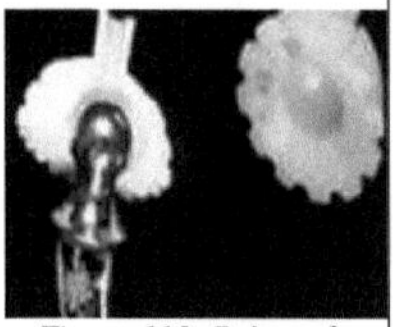 *-Figura 110: Prótese de baixo atrito*
1962	John Charnley	Optou por polietileno de elevado peso molecular. A prótese proposta é cimentada com uma pequena cabeça metálica de 22 mm que rola num acetábulo de polietileno. Mas as cabeças femorais pequenas são mais facilmente deslocadas. Por isso, propôs uma nova solução, mas mesmo esta técnica reduz muito o risco de deslocação.	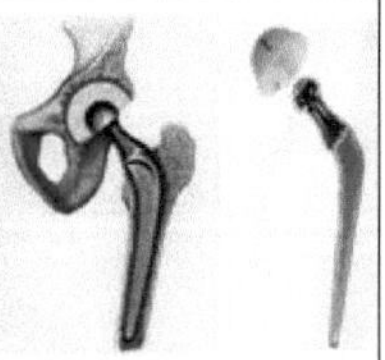 *-Figura 111: A prótese de Charnley*

1966	Müller [5][6]	Inicialmente, aumentou o diâmetro da cabeça do fémur de 22 mm para 32 mm. A taxa de deslocação diminuiu, mas o desgaste do acetábulo de polietileno aumentou. Por conseguinte, alterou o diâmetro para 28 mm. A haste cimentada é apelidada de prótese "banana" devido à sua forma. O acetábulo é feito de polietileno.	 *-Figura 112: Prótese de Muller*
1970	P. Boutin [5]	Propõe uma prótese total da anca com um acetábulo em cerâmica e um componente femoral em duas partes: Uma cabeça de cerâmica montada num corpo de aço.	 *-Figura 113: Cabeça femoral em cerâmica*
1971	Judet [5]	Propõe uma prótese de ancoragem direta. Chamou a esta liga à base de cobalto "porometal" porque as esferas que a cobrem estão separadas por poros. Colocou 1.611 destas próteses até 1975, mas ocorreram numerosas falhas devido às más caraterísticas mecânicas e metalúrgicas dos implantes.	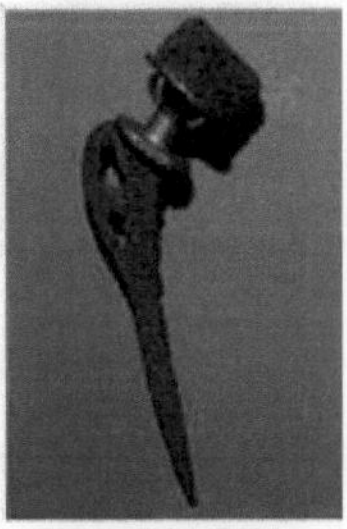 *-Figura 114: Prótese porometal diretamente cimentada*
1977	Engh [5]	Começou a utilizar um revestimento de metal poroso na haste femoral das próteses.	 *-Figura 115: Haste do fémur coberta por um revestimento poroso*

1979	Zweimüller [5]	Apresenta uma prótese femoral com uma forma piramidal caraterística e uma secção transversal retangular.	-*Figura 116: Prótese femoral com uma forma piramidal caraterística*
1981	Bousquet [7]	Desenvolveu o conceito de dupla mobilidade e optou por utilizar exclusivamente este conceito em todos os seus doentes submetidos a uma substituição total da anca.	-*Figura 117: Prótese total de dupla mobilidade [7].*

Estão a ser estudados novos materiais com o objetivo de obter materiais com propriedades mecânicas e tribológicas superiores. A figura 1-27 resume a evolução dos materiais utilizados desde a primeira prótese de marfim até à cerâmica [3].

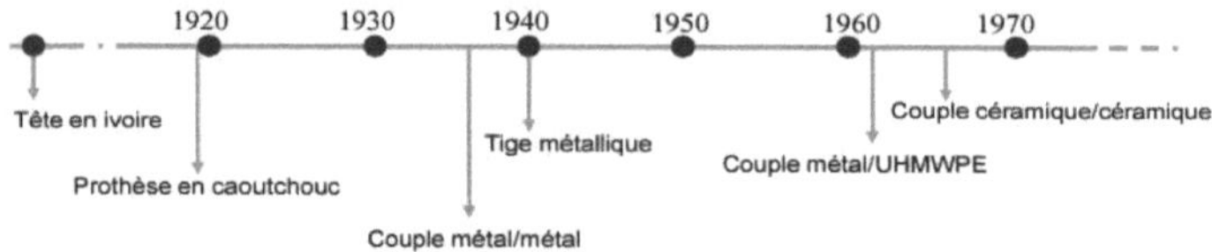

-*Figura 118: Historial dos materiais utilizados nos THP*

Em 1986, foi inventada a haste Corail, uma haste reta totalmente revestida a titânio e coberta com hidroxiapatite [8].

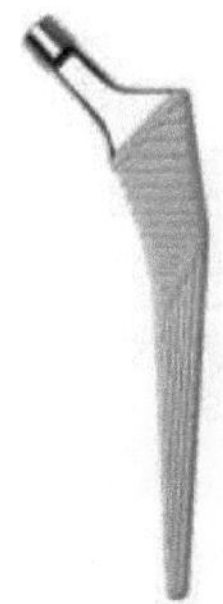

-Figura 119: Haste femoral em coral

Na **década de 2000**, as hastes não cimentadas voltaram a evoluir. A sua capacidade de fixação foi melhorada e o desalinhamento da anca foi corrigido. Estas novas hastes também facilitaram a abordagem anterior direta, a cirurgia minimamente invasiva e a instalação do implante numa diáfise femoral estreita com um córtex espesso. Estas novas hastes foram uma síntese da haste reta totalmente revestida de Corail e dos designs de haste autoblocante de Muller [7].

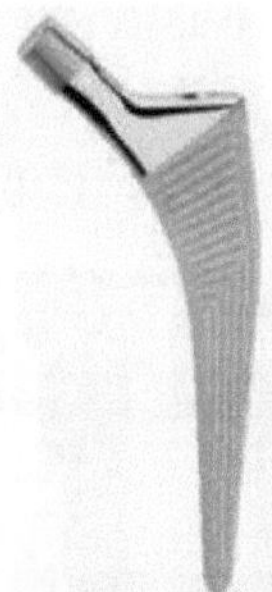

-Figura 120: Haste femoral não cimentada

Em 2002, após o abandono das próteses de dupla mobilidade devido a problemas iniciais, surgiu uma segunda geração com resultados equivalentes aos melhores copos acetabulares de mobilidade simples, mas sobretudo sem deslocação [9].

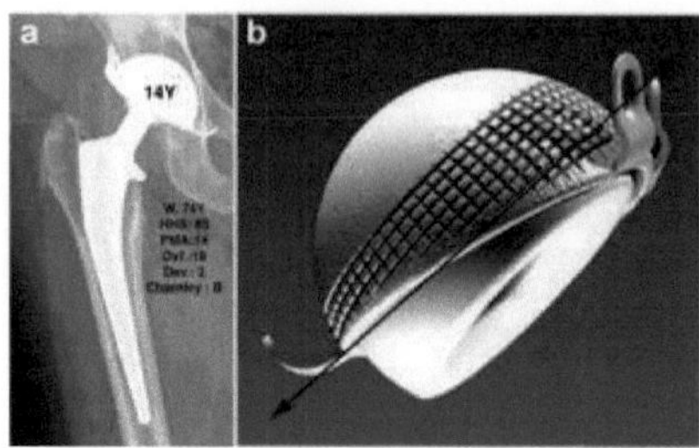

-*Figura 121: Taça de mobilidade dupla de segunda geração*

Em 2005, foram desenvolvidas técnicas de fixação sem cimento. A haste femoral é coberta por uma superfície tratada que permite a sua integração no osso. A solução escolhida para o acetábulo é uma concha metálica que se insere no osso esponjoso. Tal como no caso do fémur, a sua superfície exterior apresenta mini-relevos para garantir a sua integração no osso pélvico [5]. Um grupo de investigação propôs O método consiste em obter uma aproximação do volume 3D real da anca do paciente através da deformação de uma malha nominal da anca em 3D. Este método consiste em 2 abordagens: um estudo das caraterísticas exploráveis da anca e do fémur para a reconstrução de modelos 3D, e uma metodologia para a reconstrução do volume 3D da anca utilizando técnicas de imagem minimamente invasivas: uma única imagem radiográfica (2D) e algumas imagens de ultra-sons (3D) [10].

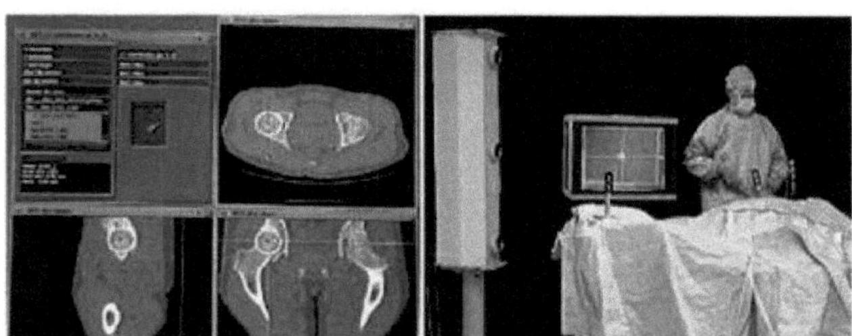

-*Figura 122: Imagens de ultra-sons (3D)*

Entre 2012 e 2014, o planeamento radiográfico 3D evoluiu porque o planeamento cirúrgico de uma prótese total da anca em radiografias 2D tinha mostrado as suas limitações. Esta técnica permitiu conhecer as dimensões exactas da articulação e planear os implantes com precisão, permitindo aos cirurgiões obter um controlo preciso [11][12].

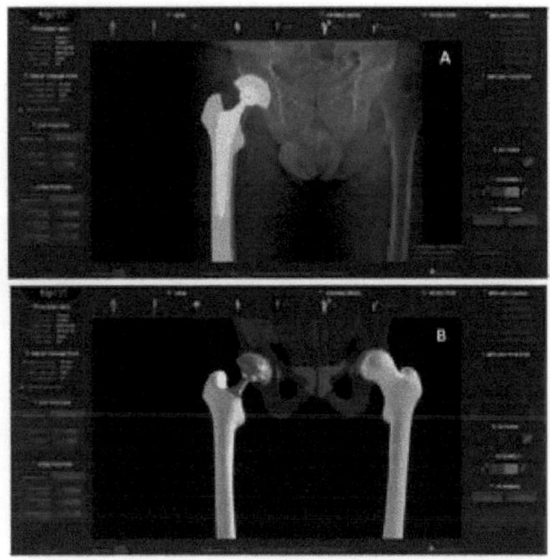

-Figura 123: Exemplo de planeamento 3D assistido por computador

Um grupo de investigação japonês desenvolveu recentemente uma nova liga metálica super-elástica, flexível e resistente que é muito promissora para aplicações biomédicas. O biomaterial à base de cobalto-crómio imita a flexibilidade do osso humano e tem uma excelente resistência ao desgaste. Este novo biomaterial poderá ser utilizado em implantes como próteses da anca ou do joelho e placas ósseas, reduzindo os problemas associados aos materiais de implantes convencionais. Uma nova liga de Co-Cr-Al-Si denominada CCAS. Esta liga representa duas inovações importantes para os biomateriais metálicos: é a primeira vez que se obtém simultaneamente um módulo de Young baixo e uma elevada resistência ao desgaste, bem como o primeiro registo de uma enorme deformação de recuperação superelástica em sistemas de ligas de Co-Cr [13].

A novidade não é necessariamente um bom critério para escolher uma prótese total da anca. Um estudo britânico [14] concluiu que os modelos clássicos, experimentados e testados e muitas vezes menos dispendiosos, são mais atractivos para as pessoas com mais de 65 anos do que os modelos mais recentes.

1.4 Composição das próteses da anca

A prótese da anca é constituída principalmente por 3 partes: a cúpula e o encaixe, a cabeça e a haste femoral (figura 1-33).

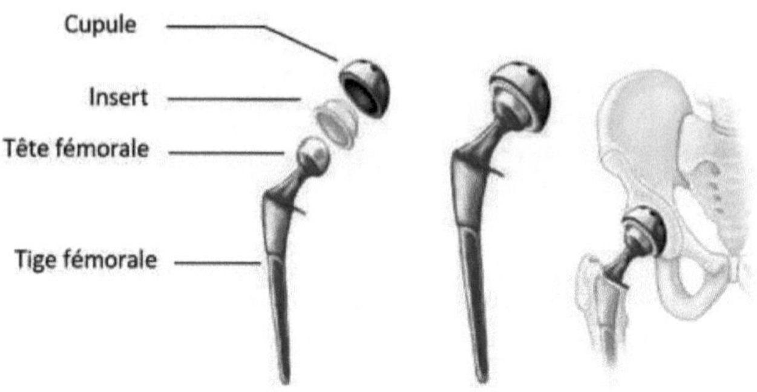

-Figura 124: Componentes da prótese da anca

Uma taça é fixada no acetábulo da bacia. A sua parte central tem a forma de uma meia-esfera côncava e articula-se com a cabeça do fémur. Pode ser de metal, de cerâmica ou de polietileno. A parte periférica é adaptada ao método de fixação: metal para próteses não cimentadas, polietileno para próteses cimentadas (Figura 1-34) [4].

-Figura 125: A chávena

É geralmente constituído por duas partes: o dorso metálico, também conhecido como anel acetabular: uma peça metálica hemisférica fixada ao osso pélvico; e a inserção, geralmente feita de materiais plásticos e, em alguns casos, de cerâmica (Figura 1-35), fixada na parte côncava do dorso metálico para encaixar a cabeça femoral e formar as duas superfícies de contacto da articulação [15].

A inserção permite que a cabeça femoral deslize mais fácil e naturalmente no acetábulo

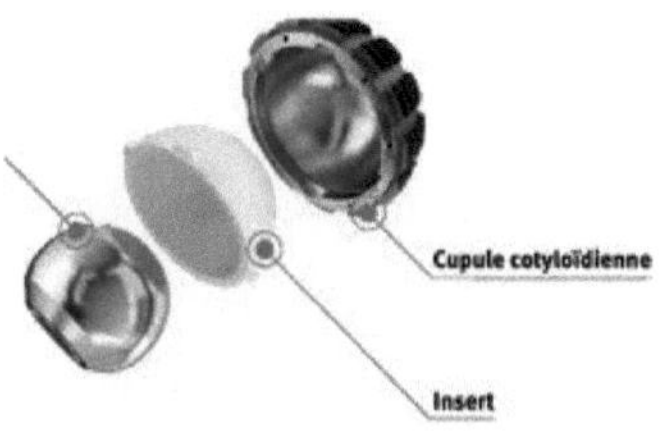

-Figura 126: Inserção acetabular

Uma cabeça femoral, com a forma de 2/3 de uma esfera, articula-se com o inserto para formar a articulação protésica; pode ser monobloco com a haste ou modular, montada num cone Morse na extremidade do colo; esta cabeça pode ser metálica (aço inoxidável, ligas de crómio-cobalto, ligas de titânio), cerâmica (alumina, zircónio) ou polietileno de alta densidade, Esta cabeça pode ser metálica (aço inoxidável, ligas de cromo-cobalto, ligas de titânio), cerâmica (alumina, zircónio) ou de polietileno de alta densidade, de diâmetro variável, e pode ser trocada se o componente acetabular for substituído exclusivamente na ausência de afrouxamento femoral (Figura 1-36) [16].

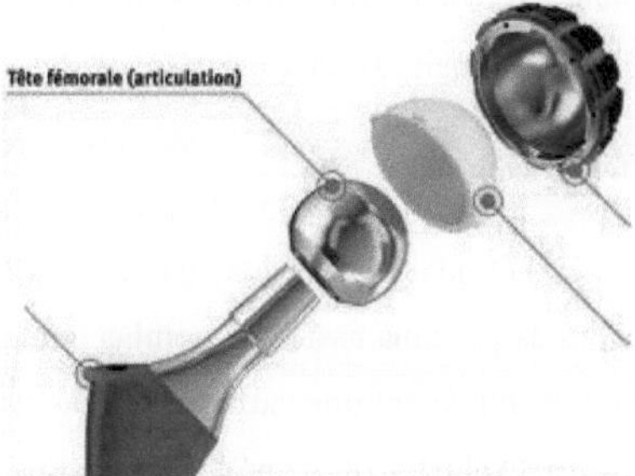

-Figura 127: Cabeça do fémur da prótese da anca

Uma haste metálica com um colo: esta é a parte que absorve as tensões. É inserida no fémur depois de este ter sido preparado. Pode ser cimentada no fémur com cimento acrílico, no caso das hastes rectas, ou bloqueada no canal femoral, no caso das hastes anatómicas que seguem a morfologia do osso, e que podem ser não cimentadas e cobertas com hidroxiapatite ou cimentadas (Figura 1-37) [17].

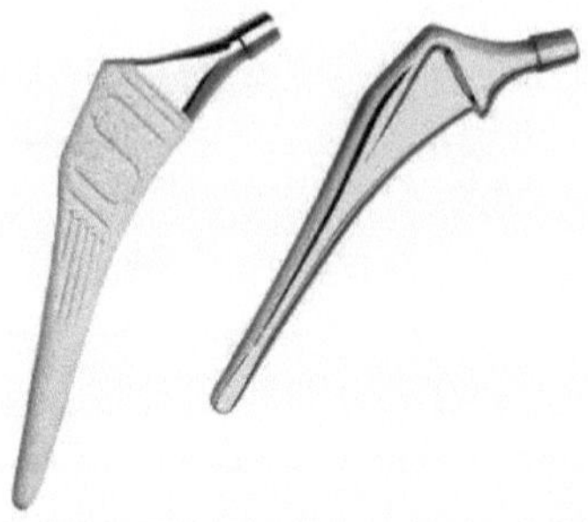

-Figura 128: Hastes femorais cimentadas e não cimentadas

1.5 Tipos de próteses da anca e métodos de fixação

1.5.1 Tipos de prótese da anca

As próteses da anca podem ser totais ou parciais. A escolha da prótese é determinada pela esperança de vida futura; o tempo de vida do implante, a retoma precoce das actividades profissionais, as relações normais.

1.5.1.1 Próteses totais da anca

Diz-se que a prótese é total quando ambas as partes da anca são substituídas: a cabeça do fémur é substituída por uma haste que termina numa grande bola e a parte da bacia (o acetábulo) é substituída por uma taça. Estas duas partes encaixam-se para formar a articulação da anca. O objetivo desta prótese é substituir a articulação da anca e permitir o seu funcionamento quase normal [18].

Na maioria das vezes, numa prótese total da anca, o substituto é uma haste não cimentada e um acetábulo com uma inserção que se articula com a cabeça da haste, que também pode ser cimentada ou não cimentada.

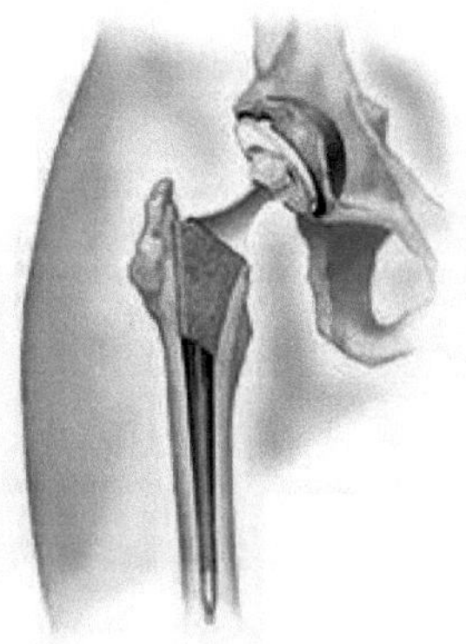

-Figura 129: Substituição total da anca

No caso das próteses totais da anca, existe um risco de deslocação e, para evitar este problema, é utilizado um sistema de dupla mobilidade nas próteses. Este sistema reduz o risco de deslocação, nomeadamente na abordagem posterior. Este sistema de dupla mobilidade permite que a articulação recupere uma amplitude muito boa e, sobretudo, elimina as complicações das próteses totais da anca. As próteses convencionais têm uma taxa de deslocação entre 0,7 e 11%, enquanto as próteses de dupla mobilidade têm uma taxa de deslocação de 0,01%. Esta vantagem inegável dá uma grande liberdade ao paciente, que é essencialmente aconselhado a evitar movimentos extremos que podem causar dor [19].

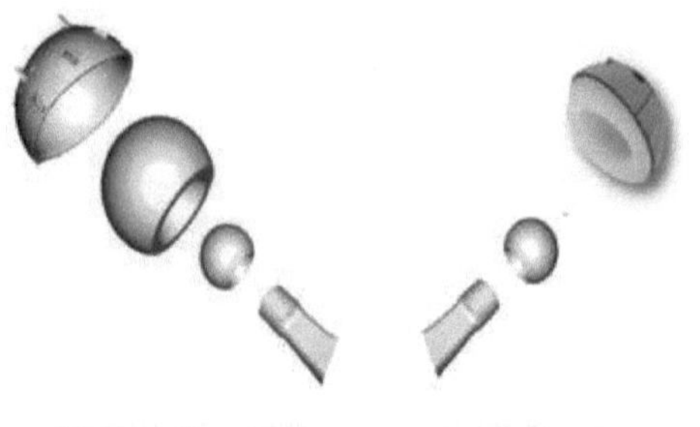

-Figura 130: A prótese de dupla mobilidade

1.5.1.2 Próteses parciais (cefálicas)

As próteses parciais da anca substituem apenas a cabeça do fémur. O acetábulo não é substituído. São mais frequentemente utilizadas após uma fratura da extremidade superior do fémur [18].

a. Próteses de uma só peça

O objetivo das próteses monobloco é permitir que as pessoas idosas que sofreram uma fratura do colo do fémur se levantem muito rapidamente e caminhem facilmente, evitando assim as complicações causadas pelo repouso forçado na cama.

A desvantagem destas próteses é que não têm orifícios na haste, o que provoca um desgaste da cartilagem do acetábulo devido à fricção direta. Isto provoca dores e, após alguns anos, uma tendência para a cabeça da prótese penetrar progressivamente na bacia. A utilização de próteses cefálicas deve, portanto, ser reservada aos pacientes muito idosos, que andam pouco e têm uma esperança de vida limitada (Figura 1-40) [4].

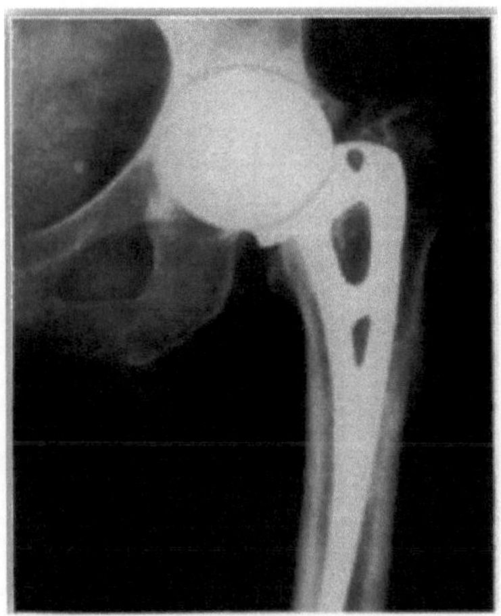

-Figura 131: Radiografia de uma prótese de anca cefálica

b. Próteses intermédias

As próteses intermédias foram desenvolvidas para limitar o desgaste do acetábulo causado pela fricção com as próteses cefálicas. O princípio consiste em criar uma articulação intra-protésica entre a cabeça e a cauda. Durante o movimento, a cabeça da prótese quase não se desloca no acetábulo, o que limita o desgaste da cartilagem. A mobilidade ocorre essencialmente na articulação da prótese.

Uma das vantagens das próteses intermédias é o facto de o comprimento do membro e a tensão muscular poderem ser ajustados através de mangas ou esferas de diferentes profundidades. A vantagem fundamental deste tipo de prótese é que, se o acetábulo se desgastar, apesar da prevenção através da dupla rotação, o doente pode ser reoperado sem retirar a cauda da prótese, bastando retirar a cabeça e a manga ou a esfera e colocar um acetábulo protésico e uma esfera adequada. A prótese intermédia é então transformada em prótese total. As próteses cefálicas e intermédias são utilizadas principalmente no tratamento das fracturas do colo do fémur em doentes idosos [4].

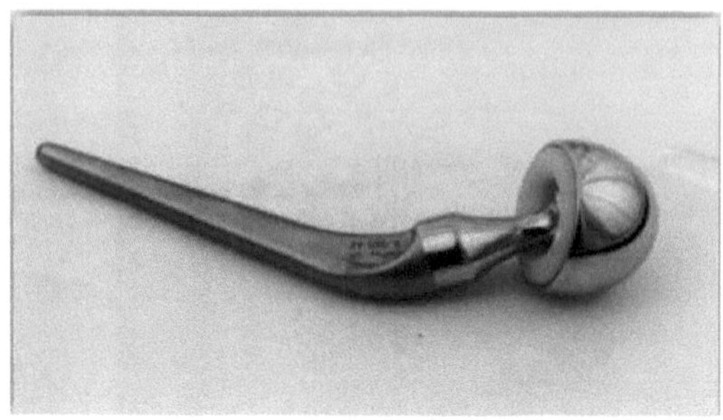

-Figura 132: Uma prótese intermédia

1.5.2 Métodos de fixação

As próteses podem ser fixadas ao fémur ou à bacia utilizando cimento cirúrgico ou crescimento ósseo secundário (sem cimento).

1.5.2.1 Fixação com cimento

Este é o tipo de fixação mais utilizado, no qual é utilizado cimento cirúrgico para fixar a haste protésica no fémur.

O cimento ósseo de base acrílica é um polímero de metacrilato de metilo (PMMA) obtido pela mistura de um pó e de um líquido. O PMMA é conhecido pelas suas excelentes propriedades ópticas (elevado índice de refração e excelente transparência) e pela sua elevada inércia química, o que garante uma excelente biocompatibilidade.

Os cimentos impregnados de antibióticos são utilizados por muitos cirurgiões para prevenir e tratar infecções protéticas. O objetivo destes dispositivos médicos é permitir que o antibiótico se espalhe de forma a evitar a colonização bacteriana do implante. O cimento não tem qualquer efeito bacteriostático por si só; é o antibiótico libertado pelo cimento que é o único responsável pela atividade antibiótica [4].

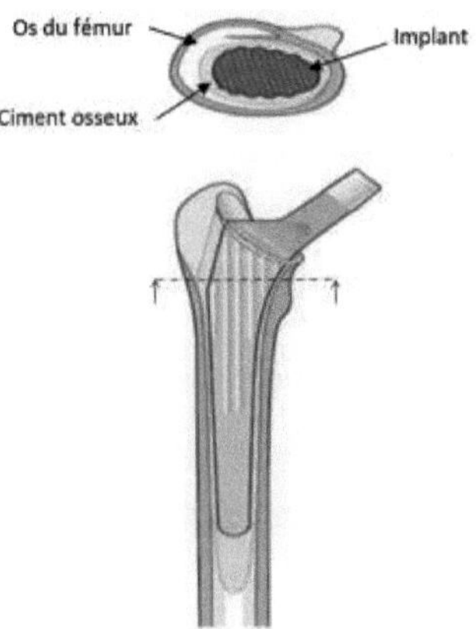

-Figura 133: A estrutura da haste de uma prótese total da anca cimentada [4].

1.5.2.2 Fixação sem cimento

Trata-se de uma fixação em que a haste protésica é ancorada diretamente no fémur sem a utilização de cimento. A prótese é coberta por um revestimento poroso que permite que os tecidos do paciente colonizem a superfície da prótese. O revestimento é um fosfato de cálcio apatítico cuja estrutura é semelhante à da fase mineral do osso.

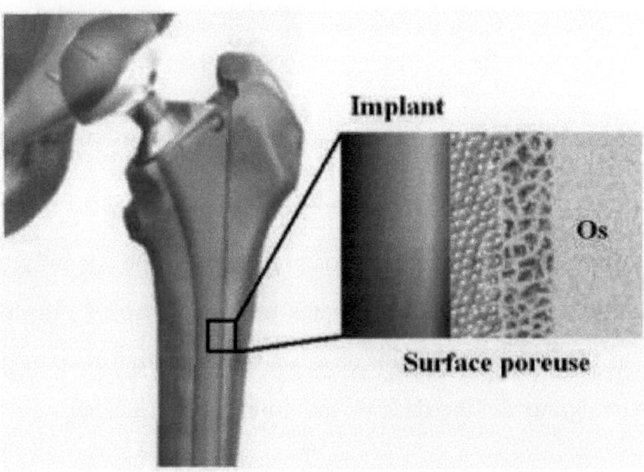

-Figura 134: Diagrama que mostra a integração óssea da haste de uma prótese total da anca não cimentada

1.6 Solicitações

A anca suporta múltiplas cargas para manter o equilíbrio. E porque está localizada longe do centro de gravidade (excêntrica), pode suportar estas cargas (princípio do equilíbrio de Pauwels) [2].

Para determinar a distribuição de tensões, é necessário conhecer as forças aplicadas à articulação protésica durante as actividades diárias do doente. De facto, vários factores podem influenciar as tensões, como o peso do doente, as actividades e a geometria óssea.

1.6.1 Movimentos da anca

A articulação da anca é comparada a uma articulação esférica com 3 graus de liberdade.

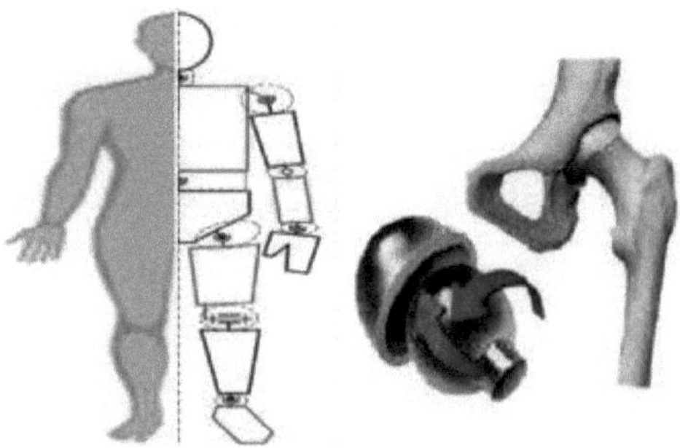

-Figura 135: Modelação da articulação da anca

Os movimentos da anca são realizados por vários grupos de músculos ligados aos ossos da articulação por tendões. Os mais utilizados são os músculos glúteos, os músculos psoas ilíacos e os músculos da coxa. Operam em três eixos perpendiculares, dando à anca três graus de liberdade de movimento, com a cabeça do fémur no centro [2].

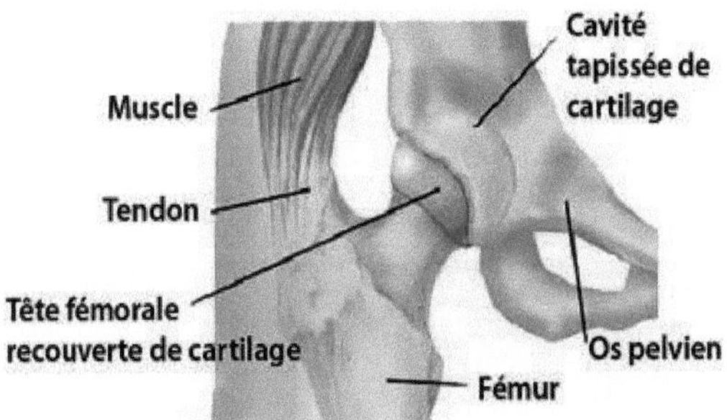

-*Figura 136: Os músculos da anca*

A articulação da anca permite vários movimentos simples, como a flexão, a extensão, a abdução, a adução, a rotação longitudinal e outros movimentos compostos, como a circundução.

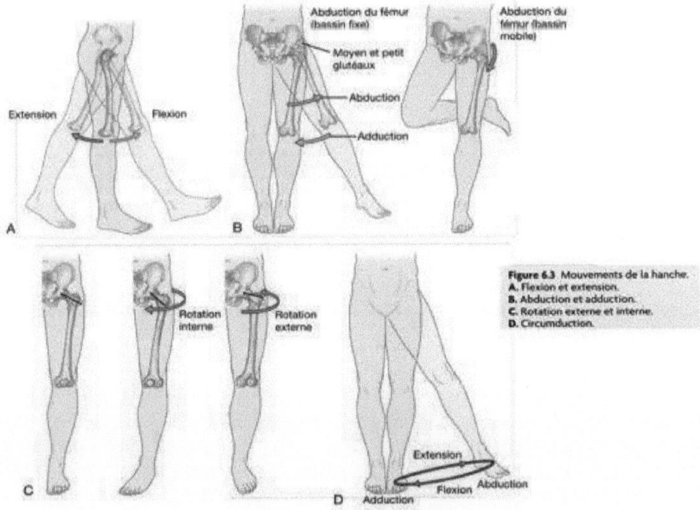

-*Figura 137: Movimentos da anca*

1.6.1.1 Flexão e extensão

A perna move-se para a frente durante a flexão, o grau de flexão depende da posição do joelho (até aproximadamente 120 e 90 graus para um joelho dobrado e direito, respetivamente) (Figura 1-47). Durante a extensão, o movimento da perna para trás é limitado (até 10-20 graus)[2].

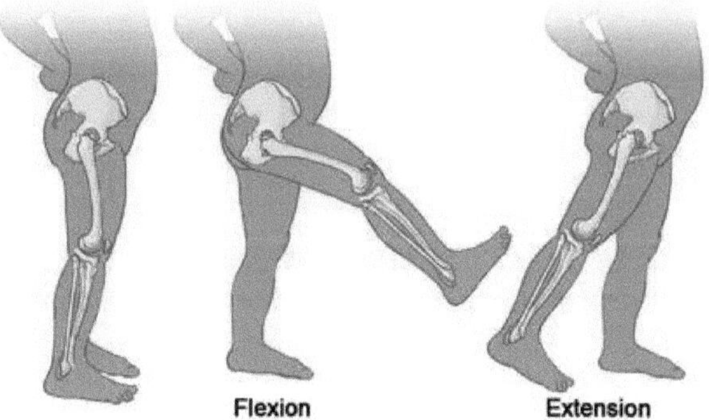

-Figura 138: Movimentos da anca: flexão e extensão (The Hospital for Sick Children, Toronto, Canadá, 2004-2012)

1.6.1.2 Abdução e adução

A perna move-se diretamente para o lado (até cerca de 35 graus) durante a abdução (Figura 1-48). A perna regressa à sua posição inicial durante a adução [2].

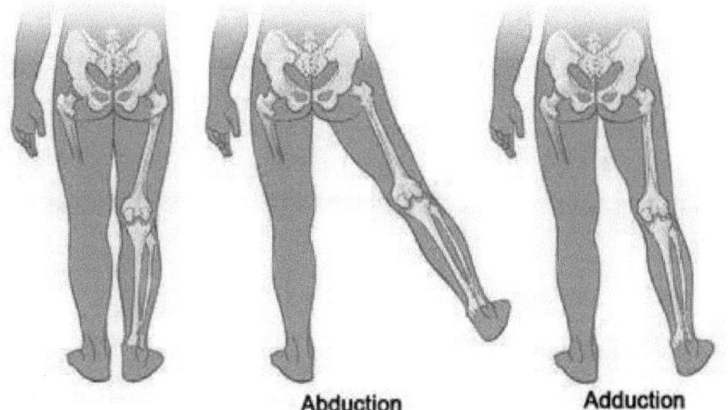

-Figura 139: Movimentos da anca: abdução e adução (The Hospital for Sick Children, Toronto, Canadá, 2004-2012)

1.6.1.3 Rotação medial e lateral

A coxa é virada para dentro durante a rotação medial (até 35-40 graus) e para fora durante a rotação lateral (até 45-60 graus) [2] (Figura 1-49).

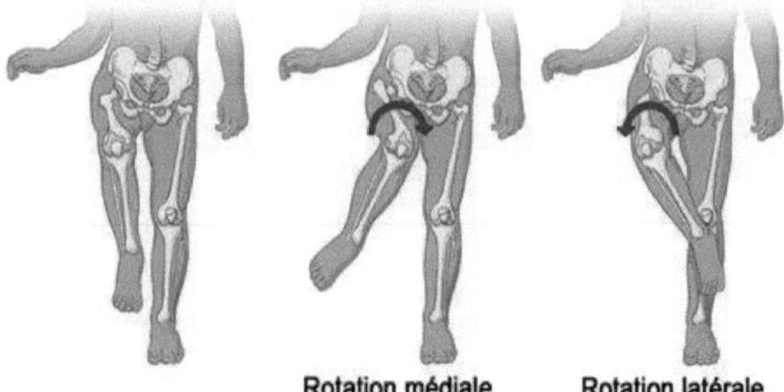

-Figura 140: Movimentos da anca: rotações medial e lateral (The Hospital for Sick Children, Toronto, Canadá, 2004-2012)

1.6.1.4 Rotação longitudinal

A anca roda longitudinalmente em torno do eixo mecânico do membro inferior. Em posição reta, este eixo funde-se com o eixo vertical da articulação coxofemoral. Nestas condições, a rotação externa leva a bola do pé para fora e a rotação interna leva a bola do pé para dentro [1].

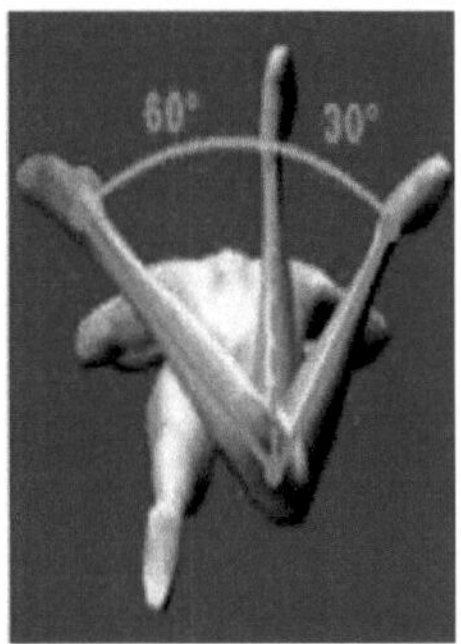

-Figura 141: Movimento de rotação longitudinal

1.6.1.5 Circunducção

Como em todas as articulações com três graus de liberdade, o movimento de circundução da anca é definido como a combinação de movimentos elementares simultâneos em torno dos três eixos. Quando a circundução é levada à sua amplitude extrema, o eixo do membro inferior descreve um cone no espaço, cujo vértice é ocupado pelo centro da articulação coxo-femoral: é o cone de circundução [1].

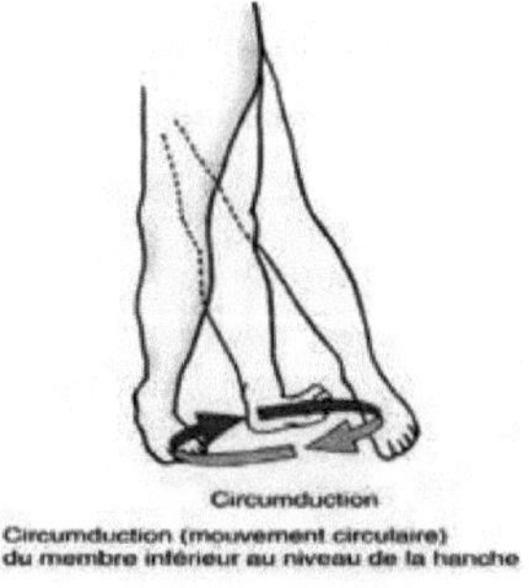

-Figura 142: Movimento de circunducção

1.6.2 Mobilidade da anca

A estabilidade do esqueleto humano depende em grande parte da persistência e da qualidade funcional da articulação da anca. Biomecanicamente, existem três graus de liberdade activados em torno de três eixos específicos da articulação da anca.

Eixo antero-posterior, assegurando a abdução e a adução (AB/AD).

Eixo vertical fundido com o eixo longitudinal do membro inferior, que permite movimentos de rotação externa e rotação interna (RI/RE).

Eixo transversal, em torno do qual se efectuam a flexão e a extensão (F/E) [20].

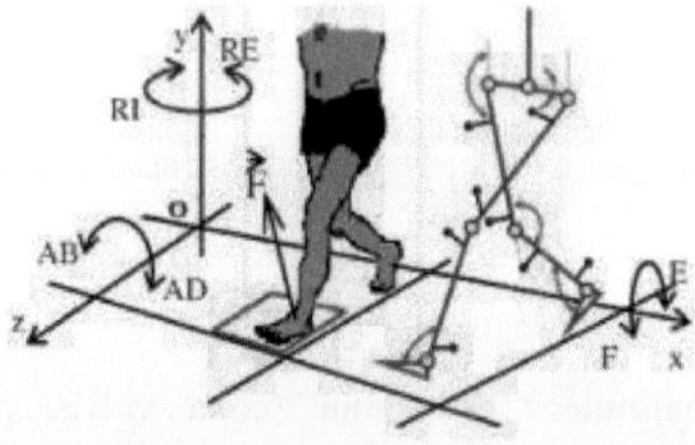

-Figura 143: Resultante transmitida à anca na posição monopodal de suporte de peso [20].

1.6.3 Cargas aplicadas na anca

A determinação das forças internas presentes durante o movimento humano é essencial para a compreensão do funcionamento mecânico do corpo, de modo a avaliar as cargas e os riscos a que o corpo humano está sujeito. As tensões na anca são tais que, numa situação bipodal, metade do peso do corpo é distribuído em cada anca.

Enquanto que numa posição unipodal, o conceito de "equilíbrio de Pauwels" mostra que a articulação da anca suporta aproximadamente 3 vezes o peso do corpo (figura 1-53). Em condições normais, a cartilagem absorve e distribui a transmissão de forças na articulação [3].

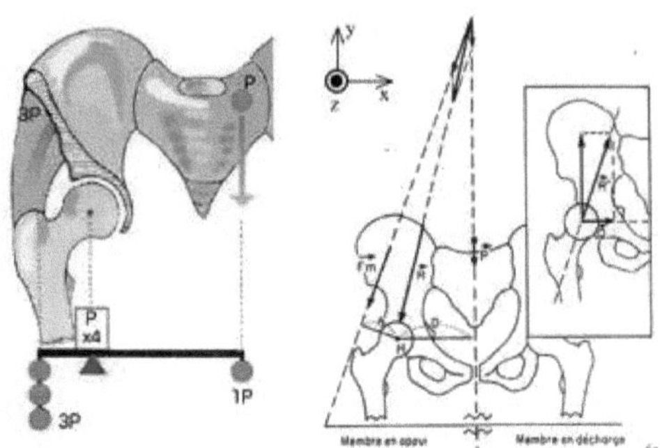

-Figura 144: Esquema da balança de Pauwels (Hertogh, 2013) [20],[2]

$_m$Para que haja equilíbrio, os momentos das forças concentradas devem ser iguais, ou seja, PxD = F xh. $_m$Sabendo que as medidas anatómicas são definidas por D = 3h, então F = 3P. No total, a resultante R é igual à soma algébrica das duas forças, ou seja, R = 4P [20].

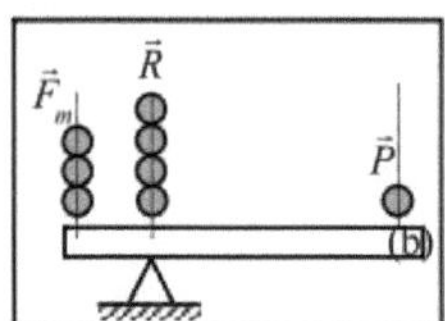

-Figura 145: Diagrama de forças

Certas variações anatómicas do fémur (coxa valga, colo curto) aumentam consideravelmente esta força e, por conseguinte, as pressões suportadas pela anca. Além disso, quanto menor for a superfície de contacto entre o acetábulo e o fémur (cobertura acetabular insuficiente), maiores serão as pressões coxofemorais.

1.7 Fadiga e fissuração de hastes implantáveis

A determinação das propriedades mecânicas de um material, quer sejam estáticas ou de fadiga, requer ensaios laboratoriais. Estes ensaios baseiam-se nas cargas, no ambiente e na forma da estrutura.

1.7.1 Ensaio de fadiga

O objetivo dos ensaios de fadiga é determinar a resistência máxima para uma determinada tensão e duração. Os ensaios de fadiga são efectuados em amostras sujeitas a cargas de amplitude constante até se observar o início de fendas.

O número de ciclos até à iniciação obtido experimentalmente é então comparado com o número de ciclos até à rotura da estrutura. Estes ensaios são repetidos para diferentes níveis de amplitude de carga, a fim de estabelecer a curva de Wöhler do material, dando a amplitude da tensão observada σa ou σ em função do ciclo na iniciação ou na rotura (em escala logarítmica).

Estes ensaios são geralmente efectuados em conformidade com normas técnicas internacionais aplicadas voluntariamente pelos fabricantes.

O quadro seguinte apresenta os diferentes ensaios de fadiga das próteses da anca de acordo com a norma ISO:

-Quadro 1: Ensaios de fadiga de acordo com a norma ISO

Os testes	Normas de referência
Medidas dimensionais	ISO 7206-2
Ensaios de fadiga em varões (Baixa cimentação da haste)	ISO 7206-4
Ensaios de fadiga no conjunto cabeça/pescoço (Alta cimentação da haste)	ISO 7206-6

A norma ISO 7206 descreve o aparelho e o procedimento de ensaio para avaliar a resistência à fadiga das hastes femorais, principalmente em duas configurações diferentes, a primeira com a haste cimentada a uma distância predefinida do centro da cabeça, a segunda com a haste cimentada no plano da osteotomia.

1.7.2 Ensaios de fadiga da haste femoral ISO 7206-4

Exemplo de um ensaio de fadiga numa barra (baixa cementação da barra): Ensaios de fadiga efectuados por Yunus E Delikanli1 e Mehmet C Kayacan em varões da superliga de titânio Ti-6Al-4V [21].

Os ensaios são efectuados numa máquina de ensaios de fadiga servo-hidráulica (Instron 8872), com uma capacidade de carga de 25 kN e um binário de 100 N m à temperatura ambiente. O cimento ósseo de base acrílica, frequentemente utilizado na substituição total da anca e resistente aos ensaios dinâmicos, é utilizado para fixar o implante na posição definida. Os espécimes são posicionados de acordo com a norma mencionada, o que proporciona uma carga máxima na região proximal do fémur e permite que a haste seja carregada.

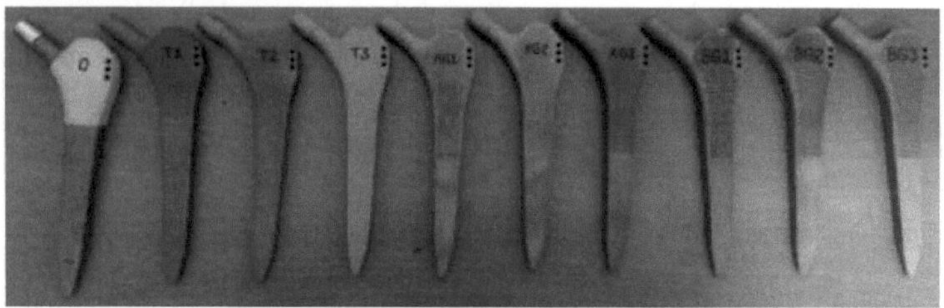

-*Figura 146: Amostras preparadas para o ensaio de fadiga*

As propriedades dos materiais utilizados nos ensaios de fadiga são apresentadas no quadro seguinte:

-*Quadro 1: Propriedades dos materiais utilizados*

Material	Coeficiente de peixe	Módulo de elasticidade (GPa)
Aço (blocos de supressão)	0.3	210
Ti6AI4V (haste femoral)	0.342	110
Cr-Co (cabeça do fémur)	0.33	200
Cimento ósseo	0.3	3.8

É utilizado um dispositivo de fixação (pinça) ilustrado na Figura 1-56 para o posicionamento nos ângulos adequados. Os espécimes são então colocados na pinça num copo de aço inoxidável, no qual foi vertido cimento ósseo.

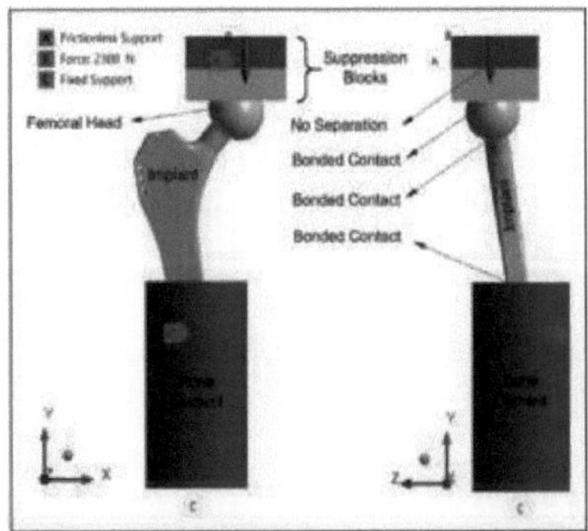

-*Figura 147: Modelo de análise de elementos finitos do ensaio de fadiga*

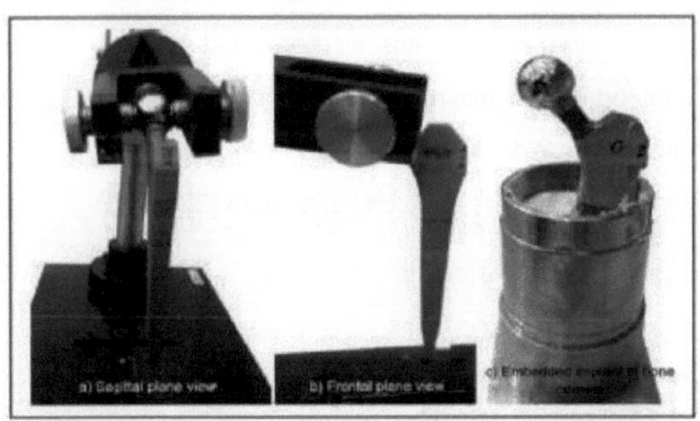

-*Figura 148: Prótese na pinça de fixação (a) e (b); haste embebida em cimento ósseo (c).*

Durante o ensaio de fadiga, a prótese é submetida a cargas de compressão sinusoidais (com uma frequência de 15 Hz e limites entre 300 N e 2300 N). Os deslocamentos verticais dos espécimes são medidos por um transdutor de deslocamento ligado a um atuador na máquina de teste a cada 50.000 ciclos de carga. As condições pormenorizadas do ensaio são apresentadas no quadro seguinte:

-*Quadro 1: Condições de ensaio à fadiga*

Frequênci a	Carga máxima	Carga mínima	Temperatura	Embutimento da haste
15 Hz	2300N	300N	Ambiente (22°)	Cimento ósseo

Os resultados do deslocamento vertical e da tensão máxima equivalente, da análise de elementos finitos para cada um, são apresentados no Quadro 1.5 :

-*Quadro 1: Resultados da análise de elementos finitos*

Tamanho do poro do provete (mm)	0.3	0.5	0.6	0.7	0.8	1
Deslocamento (mm)	0.2421 4	0.2494 6	0.2530 8	0.2591 0	0.2654 8	0.2818 7
Tensão equivalente (MPa)	232.63	234.73	236.39	237.85	238.46 0	240.04 0

1.7.3 Mecânica dos danos

A mecânica do dano baseia-se na ideia de que os defeitos discretos que surgem no material sob carga (fissuras, aberturas de porosidade) podem ser continuamente integrados no comportamento macroscópico do material danificado. É utilizada uma variável de campo escalar, o dano D, para descrever o estado do material: D = 0 implica que o material está intacto e D = 1 que está arruinado [22].

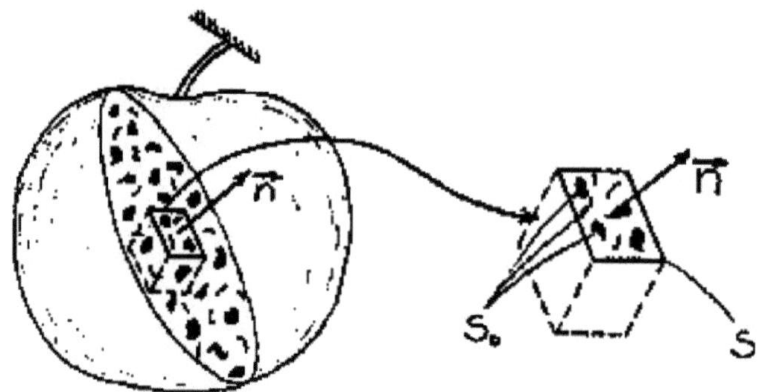

-*Figura 149: Variável de dano de Lemaître e Chaboche [23].*

1.7.4 Rachaduras

A fissuração por fadiga ocorre quando a variável de dano escolhida "D" atinge o seu valor crítico (frequentemente 1). A lei de acumulação linear de dano mais utilizada atualmente é a lei de Palmgren-miner, que continua a ser o melhor compromisso entre a simplicidade de aplicação e a qualidade das previsões para longos períodos de vida útil [24].

A regra de Palmgren-Miner é uma hipótese de dano cumulativo linear e é a melhor estimativa do limite de fadiga disponível até à data. Esta regra estabelece que a soma do rácio entre o número de ciclos a uma dada amplitude e o número de ciclos até à rotura é igual ao dano acumulado.

$$Dp=\sum_{i=1}^{k} \frac{ni}{Ni}$$

Em que ni é o número de ciclos a uma amplitude constante, Ni é o número total de ciclos até à rotura a essa amplitude e Dp é o parâmetro de dano.

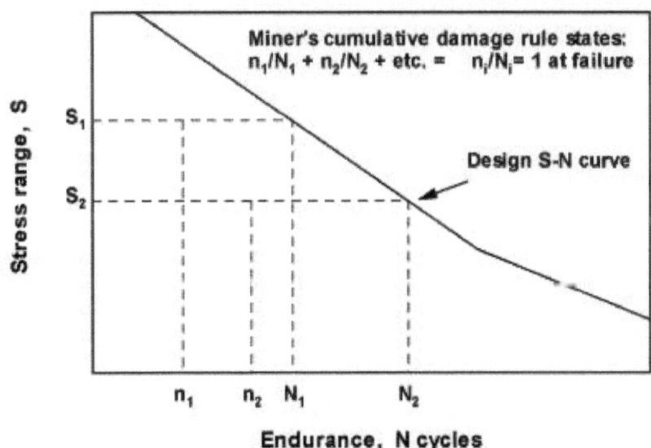

-Figura 150: Diagrama Palmgren-Miner

No domínio da modelação da fadiga, a lei cumulativa linear de Miner continua a ser a mais utilizada, apesar dos seus muitos inconvenientes. Esta lei é utilizada para prever a falha de uma peça sob carga variável, calculando os danos no espécime.

1.8 Materiais utilizados no fabrico de próteses da anca

A escolha dos materiais utilizados afecta o seu bom funcionamento, razão pela qual os biomateriais são utilizados para substituir uma parte ou função de um órgão ou tecido, porque os biomateriais se adaptam melhor ao corpo humano.

Os investigadores desenvolveram uma vasta gama de biomateriais naturais e sintéticos, alguns dos quais são utilizados clinicamente: biopolímeros, cerâmicas e compósitos. A vantagem destes biomateriais sintéticos é o facto de poderem ser sintetizados em grandes quantidades, com propriedades químicas e físicas controladas.

Nas próteses da anca, são utilizados vários materiais para se adaptarem ao corpo humano.

1.8.1 Materiais clássicos

Os materiais utilizados nas próteses são caracterizados por 3 critérios essenciais: a sua biocompatibilidade (boa tolerância pelo corpo humano), a sua resistência à corrosão e as suas propriedades mecânicas.

Peças em polietileno: Inserções acetabulares

Peças cerâmicas: Cabeças femorais da prótese e inserções

Peças metálicas: Hastes femorais, cabeças e inserções

1.8.1.1 Polietileno

Continua a ser o material mais utilizado devido ao seu baixo custo e facilidade de fabrico. A fixação cimentada do polietileno diretamente no osso garante uma melhor resistência ao desgaste. No entanto, mesmo quando cimentado de forma ideal e com espessura suficiente, o polietileno está sujeito a desgaste. A reticulação é difícil de conseguir e requer um controlo ótimo do processo de fabrico. Se a resistência ao desgaste deste tipo de polietileno for confirmada ao longo do tempo, aumentará a utilização do polietileno cimentado [25].

1.8.1.2 Cerâmica

A origem do termo "cerâmica" vem do grego que significa argila ou barro de oleiro. Trata-se de uma argila cozida que, após exposição ao calor, sofre uma transformação definitiva. Nas próteses de anca contemporâneas, o binário de fricção tornou-se o principal fator de longevidade da prótese [3].

A cerâmica é um sólido não orgânico e não metálico. Existem vários tipos de cerâmica, mas a alumina e a zircónia são geralmente utilizadas em ortopedia. O fabrico de cerâmica requer uma tecnologia complexa. São também utilizadas cerâmicas bioactivas, como a hidroxiapatite (um componente natural do osso). Outros materiais de origem biológica, como o coral, uma cerâmica porosa natural, são raramente utilizados.

- Alumina: A alumina é uma das cerâmicas mais utilizadas, graças às suas propriedades especiais: dureza muito elevada, elevada resistência à fratura, inércia química e uma densidade de cerca de 4. É um material estável, monofásico, com um único tipo de arranjo molecular.
- Zircónio: tem quatro vezes mais propriedades mecânicas do que a alumina). O zircónio ($ZrO2$) cristaliza-se em três tipos de rede: monoclínica (M), cúbica (C) e tetragonal (T), que se alteram em função da modificação dos seguintes parâmetros: temperatura, processos de fabrico e aditivos.

Este tipo de material tem propriedades mecânicas muito interessantes para utilização clínica: excelente biocompatibilidade, dureza muito elevada e excelentes propriedades de lubrificação.

1.8.1.3 Metal

Os metais utilizados nas próteses da anca são, na realidade, ligas que combinam dois ou mais componentes, dos quais pelo menos um é metálico. Incluem os aços inoxidáveis, as ligas de crómio-cobalto, as ligas à base de titânio e as novas ligas de níquel-titânio;

1.8.1.4 Momentos de fricção

Desde que foram implantadas as primeiras próteses totais da anca, foram desenvolvidas inúmeras possibilidades técnicas para melhorar o binário de fricção entre a cabeça e o acetábulo de uma prótese total da anca.

Os materiais utilizados devem suportar as tensões do rolamento e ter propriedades de deslizamento (dureza, molhabilidade, rugosidade, etc.) que não provoquem resíduos de desgaste na articulação. De facto, foi demonstrado que a fricção de cabeças metálicas contra um copo de polietileno provoca resíduos de desgaste, que podem causar afrouxamento ou osteólise (destruição do osso).

Por conseguinte, os investigadores modificaram ou substituíram o polietileno do copo e a cabeça metálica por outros materiais para reduzir o desgaste e, consequentemente, o risco de uma nova cirurgia.

Existem muitos materiais que podem ser utilizados para assegurar o deslizamento entre os implantes acetabulares e femorais, sendo possíveis muitas combinações. Os principais binários de fricção utilizados são :

- Polietileno-Metal ;
- Polietileno-Cerâmica ;
- Cerâmica - Cerâmica ;
- Métal-Métal [2].

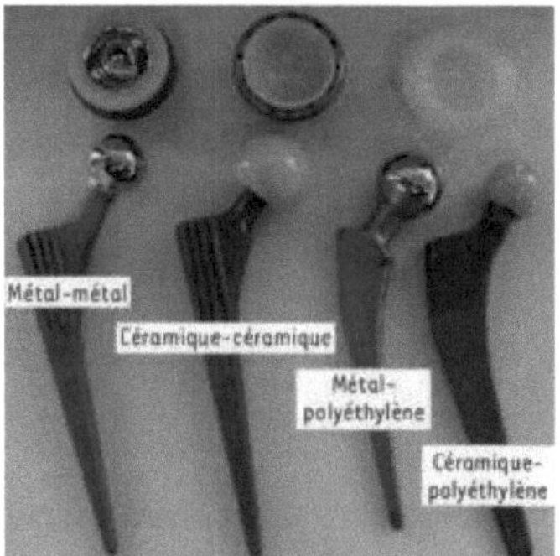

-Figura 151: O binário de fricção de uma prótese total da anca

O quadro seguinte resume as vantagens e desvantagens dos binários de fricção

-Quadro 1: Vantagens e desvantagens dos binários de fricção [25][26]

Binário de fricção	Benefícios	Desvantagens	Números
Polietileno - Metal	-Tempo de vida previsível O polietileno é altamente tolerante aos impactos -Indicado para osteoartrose dos jovens, nomeadamente quando ocorre após uma luxação da anca, e para as pessoas com mais de 65 anos, mesmo que sejam muito activas, -Fiabilidade e longevidade que permitirão que esta	-O polietileno deforma-se e desgasta-se por fricção -Desgaste e afrouxamento mais rápidos do copo -As cabeças pequenas deslocam-se mais facilmente [25][26].	*-Figura 152: Emparelhamento polietileno/metal*

	prótese seja definitiva [25].		
Polietileno - Cerâmica	-A cerâmica tem uma superfície de deslizamento lisa e muito dura, altamente resistente à abrasão, reduzindo o desgaste do polietileno. -É inerte e quimicamente muito estável, com excelente resistência à corrosão [25].	-A cerâmica é um material frágil. -Para evitar este risco de fratura, o cone da haste femoral e a cabeça devem ser do mesmo fabricante para ficarem perfeitamente combinados. -Um preço elevado -Elevado risco de afundamento e afrouxamento quando o polietileno é cimentado no osso	*-Figura 153: Casal polietileno-cerâmica*
Cerâmica - Cerâmica	-Resistência ao desgaste muito baixa Natureza bio-inerte dos resíduos de desgaste -Baixo atrito [26]	Risco de fratura do implante -Requer a inserção de um dorso metálico para uma excelente fixação. -Cher. -A sua utilização é recomendada para os indivíduos mais activos. [25]	*-Figura 154: Casal cerâmica-cerâmica*
Metal-metal	Excelente resistência ao desgaste, superior à de um par polietileno-cerâmica in vivo. -Vida útil potencialmente mais longa do que o polietileno devido ao desgaste reduzido. -Menor taxa de deslocação. -Utilizar nas disciplinas mais activas.	-Possível carcinogéneo. - Efeito dos iões metálicos.	*-Figura 155: Emparelhamento metal-metal*

1.8.2 Titânio

O titânio é um material metálico com excelente resistência à corrosão e elevada resistência mecânica específica (relação entre a resistência à tração e a densidade). A sua densidade é equivalente a cerca de 60% da do aço. Tem também um baixo módulo de elasticidade de 110 GPa (metade do do aço inoxidável a 220 GPa). Estas caraterísticas tornam-no particularmente interessante para numerosas aplicações. Para além destas caraterísticas, a sua biocompatibilidade química faz deste material um candidato privilegiado para o domínio médico [27].

1.8.2.1 Ligas de titânio

As ligas de titânio proporcionaram à investigação médica a possibilidade de utilizar um material com um módulo de Young próximo do do osso, com outras propriedades como a elevada resistência à corrosão devido à formação de uma camada de óxido na sua superfície, um peso ótimo, resistência ao desgaste e uma boa relação peso/densidade, corrigindo assim os defeitos presentes noutros materiais e reduzindo o risco de falha [28]. Apresentam biocompatibilidade biológica e mecânica, razão pela qual são utilizados em próteses. Atualmente, as ligas à base de titânio, nomeadamente o Ti-6Al-4V e o Ti-6Al-7Nb, são os materiais mais utilizados em próteses articulares, estando registados na norma ASTM como biomateriais [29].

Atualmente, o fabrico aditivo é visto como um novo impulso para a inovação e o crescimento das próteses médicas, tornando possível a produção de implantes feitos à medida.

As ligas de titânio são classificadas em três categorias: ligas α, ligas α/β e ligas β.

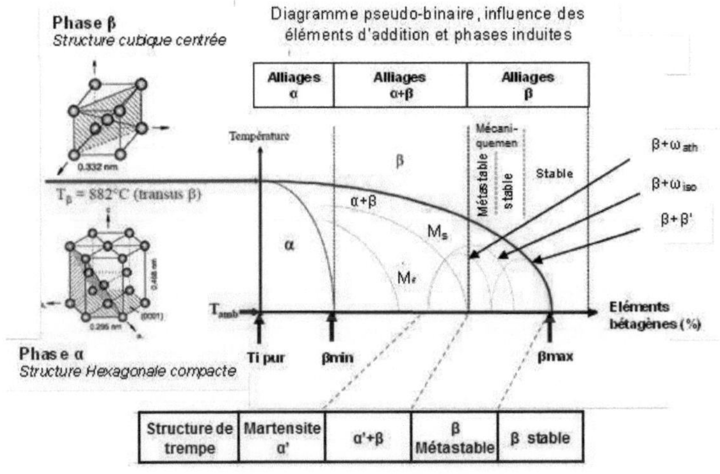

-Figura 156: Diagrama pseudo-binário [27]

Ligas do tipo α: Constituídas por 100% de fase α. Estas ligas não permitem o endurecimento estrutural. Não são muito sensíveis ao tratamento térmico e são difíceis de moldar. As suas principais vantagens são a baixa densidade, a boa resistência à fluência e a boa soldabilidade.

Ligas do tipo α+β: Constituídas por proporções muito variáveis de fase α e β. Representam a grande maioria das ligas de titânio disponíveis no mercado. A mais conhecida é a liga Ti-6Al-4V (vulgarmente conhecida por TA6V), utilizada no fabrico de próteses totais da anca. As suas principais vantagens são as elevadas propriedades mecânicas, a ductilidade e a resistência à oxidação.

Ligas β: Constituídas por 100% de fase β. Pode ser feita uma distinção entre ligas β-metástas e β-estáveis; têm excelente ductilidade e resistência média no estado endurecido [27][8].

1.8.2.2 Propriedades mecânicas das ligas

-Tabela 1: Propriedades mecânicas das ligas [27][30]

	Módulo de elasticidade E (GPa)	Resistência ao escoamento σe (MPa)	Resistência à tração	Resistência à fadiga σfin, (MPa)

			σmax (MPa)	
Titânio (TI-CP)	110	170-485	20-550	300
Ti-6Al-4V	113-118	795-880	860-1000	620-800

Material	Standard	Modulus (GPa)	Tensile strength (Mpa)	Alloy type
First generation biomaterials (1950–1990)				
Commercially pure Ti (Cp grade 1–4)	ASTM 1341	100	240–550	α
Ti-6Al-4V ELI wrought	ASTM F136	110	860–965	α+β
Ti-6Al-4V ELI Standard grade	ASTM F1472	112	895–930	α+β
Ti-6Al-7Nb Wrought	ASTM F1295	110	900–1050	α+β
Ti-5Al-2.5Fe	-	110	1020	α+β
Second generation biomaterials (1990-till date)				
Ti-13Nb-13Zr Wrought	ASTM F1713	79-84	973-1037	Metastabe β
Ti-12Mo-6Zr-2Fe (TMZF)	ASTM F1813	74-85	1060-1100	β
Ti-35Nb-7Zr-5Ta (TNZT)		55	596	β
Ti-29Nb-13Ta-4.6Zr	-	65	911	β
Ti-35Nb-5Ta-7Zr-0.40 (TNZTO)		66	1010	β
Ti-15Mo-5Zr-3Al		82		β
Ti-Mo	ASTM F2066			β

-Figura 157: A evolução das ligas de titânio para aplicações médicas

1.9 Métodos de fabrico

Foram utilizadas várias técnicas de fabrico para produzir hastes femorais para a anca

1.9.1 Maquinação: máquina de 5 eixos

Os critérios exigidos pela indústria médica são a maquinação de formas geométricas complexas, com acabamentos de superfície impecáveis e elevada precisão dimensional.

Na maior parte das vezes, estas peças requerem materiais nobres como o titânio, o cromo-cobalto, o aço inoxidável, a cerâmica ou o plástico.

As peças ortopédicas fabricadas pela máquina de 5 eixos são: Articulações protésicas, Colares modulares, Cúpulas, Bases tibiais, Copos, Inserções móveis, Hastes femorais, etc.

-*Figura 158: Maquinação com uma máquina de 5 eixos*

1.9.2 Fabrico por forjamento

A forja é reconhecida como a melhor técnica de fabrico de próteses, graças às suas propriedades excepcionais em termos de resistência mecânica.

A prótese da anca é o implante mais sujeito a esforços mecânicos no corpo humano. O colo da haste da anca (correspondente à cabeça do fémur antes da colocação do implante) está sujeito a cargas de fadiga extremamente elevadas, que podem atingir várias toneladas por cm² durante certos movimentos de marcha ou de salto.

A forja garante que a estrutura metálica interna da haste ortopédica seja fibrosa. Este processo de formação de fibras, que segue as curvas do implante, proporciona uma maior resistência à fadiga do que qualquer outra técnica de produção atualmente existente no mercado.

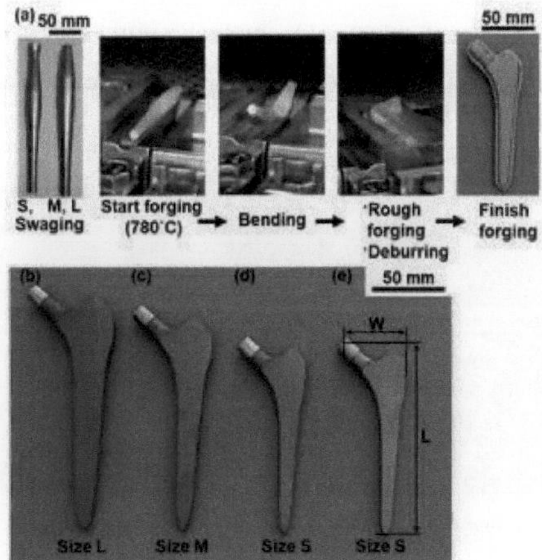

-*Figura 159: Fabrico por forjamento*

1.9.3 Impressão 3D com recurso ao fabrico aditivo (AM)

Os avanços no fabrico de aditivos (AM) permitem-nos materializar ideias e desenhos que anteriormente se pensava serem impossíveis de fabricar. Combinado com o espírito da biomimética, que pode ser descrito como a arte e a ciência de imitar sistemas biológicos ou a natureza em geral.

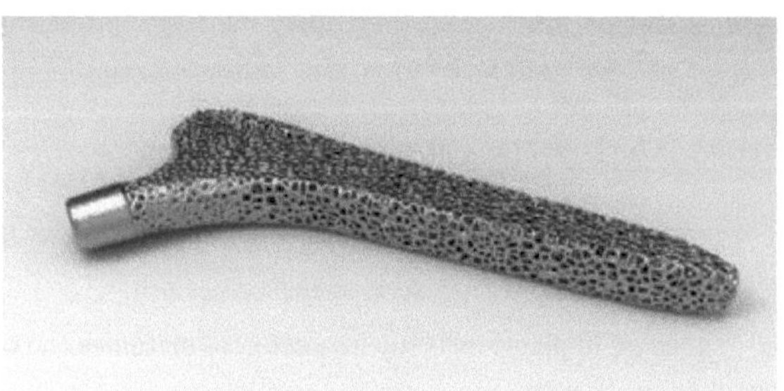

-Figura 160: Desenho de uma haste protésica da anca em Ti-6Al-4V optimizada para FA [31].

O fabrico aditivo (FA) permite ao designer criar modelos tridimensionais que podem ter porosidade difusa na área de contacto com o osso, o que pode proporcionar uma ligação estrutural e funcional muito superior entre o osso vivo e a superfície de um implante artificial (osseointegração).

Os fabricantes de dispositivos médicos podem conceber implantes que imitam a rigidez e a densidade óssea do doente. Os implantes impressos em 3D podem reduzir a proteção da densidade óssea e melhorar ainda mais a função física [32].

-Figura 161: Implante impresso em 3D feito de Ti-6Al-4V

No desenho optimizado, as tensões na haste foram mantidas abaixo dos 575 MPa para todos os casos de carga, incluindo o jogging. Para a amostra de titânio para a qual o implante foi projetado, isto equivale a um limite de resistência de cerca de 10.000.000 de ciclos.

-*Figura 162: Prótese da anca em malha sólida impressa com Ti-6Al-4V*

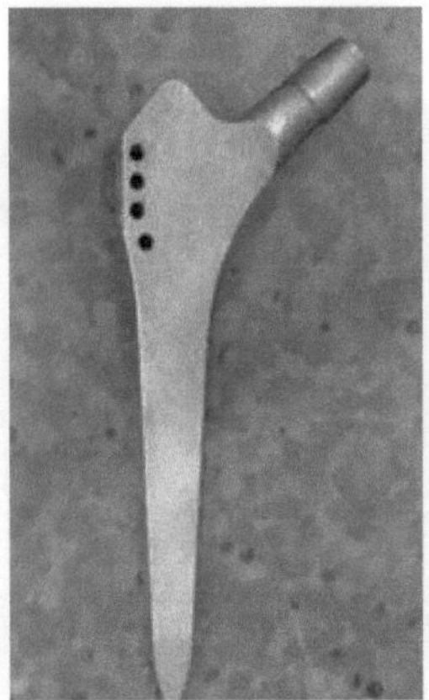

-*Figura 163: Haste femoral fabricada na CETIME*

A prótese deve ajustar-se o mais possível às dimensões do paciente, que variam de pessoa para pessoa devido à idade, sexo, estrutura óssea e morfologia. A prótese padrão não pode corresponder às dimensões exactas de cada paciente, o que causa problemas pós-operatórios como dores ou desníveis no comprimento dos membros. A impressora 3D, ao criar modelos feitos à medida, pode evitar este tipo de problemas.

Nem sempre é possível colocar uma prótese para determinadas patologias.

-Figura 164: Prótese total da anca fabricada por uma impressora 3D

A impressão 3D por fusão de feixe de electrões (EBM) produz implantes biomédicos específicos para cada doente, substituindo sistemas de joelho e anca, utilizando o fabrico aditivo (AM) de pós de Ti-6Al-4V por fusão de feixe de electrões (EBF) [33].

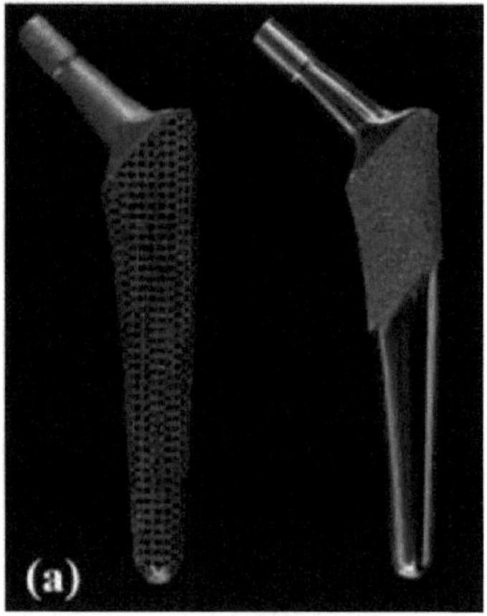

Figura 1-74: Haste femoral impressa por fusão por feixe de electrões (EBM)

1.10 Conclusão

Este capítulo esclarece os conceitos e as generalidades de uma prótese da anca, explica o seu funcionamento, a sua evolução ao longo do tempo e analisa os materiais utilizados.

A cirurgia é uma solução prática e eficaz, especialmente para pacientes jovens e activos. No entanto, a danificação do implante protésico pode levar a complicações como a necessidade de uma segunda operação de revisão. Para evitar o risco de rutura, são efectuados testes digitais utilizando o método MEF.

CHAPITRE 2: ESTADO DA ARTE DA SIMULAÇÃO DA RESISTENCIA DOS IMPLANTES DA ANCA

2.1 Introdução

Neste capítulo, iremos apresentar uma revisão da literatura relativa aos trabalhos mais relevantes que foram realizados para estudar a resistência das hastes femorais em próteses da anca.

2.2 Estudos sobre implantes de titânio para a anca utilizando a simulação de elementos finitos

Este estudo, apresentado por Abhinav Kumar, Apoorv Rathi, Jagjit Singh e N. K. Sharma [28], centra-se na identificação do material mais adequado para implantes de articulações da anca com o mínimo de tensão, deformação e peso, utilizando o software CATIA V5 para o projeto e o ANSYS Workbench 14.5 para a simulação de elementos finitos. Foram utilizados seis materiais de liga de titânio: Ti-6Al-4V, Ti-5Al-2.5Fe, Ti-6Al-7Nb, Ti-12Mo-6Zr-2Fe, Ti-15Mo e Ti-13Nb-13Zr. Todas estas entidades para cada material foram obtidas e comparadas com o objetivo de propor o material mais adequado para o fabrico de um implante de haste.

2.2.1 Modelação

O implante da articulação da anca foi modelado utilizando o software CATIA V5. Este é o tamanho mais comummente utilizado. O modelo da prótese da anca é apresentado na Figura 2-1.

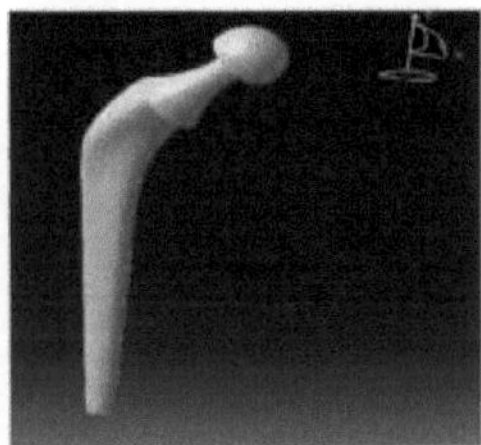

-Figura 2: Modelo 3D de uma prótese da anca

2.2.2 Simulação

O implante da articulação da anca foi modelado como uma peça sólida de metal. A principal função da haste do implante é suportar a carga do corpo quando inserida no fémur, e foi concebida para se comportar como um osso inteiro. Para obter resultados semelhantes aos obtidos em condições reais, as condições de fronteira do implante são mantidas semelhantes às de um osso femoral inteiro. A distribuição de tensões e a deformação foram estudadas para um homem de 75 kg numa posição normal de pé. É aplicada uma pressão de 750 Pa à cabeça femoral da haste e a base da haste é fixada. As paredes laterais da haste femoral são fornecidas com um suporte sem fricção para obter condições semelhantes às de um ambiente real.

2.2.3 Resultados e interpretação

O modelo de elementos finitos do implante da articulação da anca foi sujeito a uma pressão de 750 Pa e estudado quanto a tensões, deformações e pesos equivalentes.

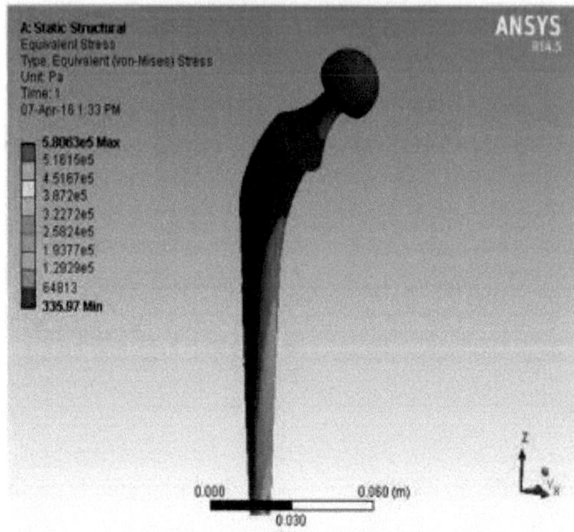

-*Figura 2: Restrições equivalentes*

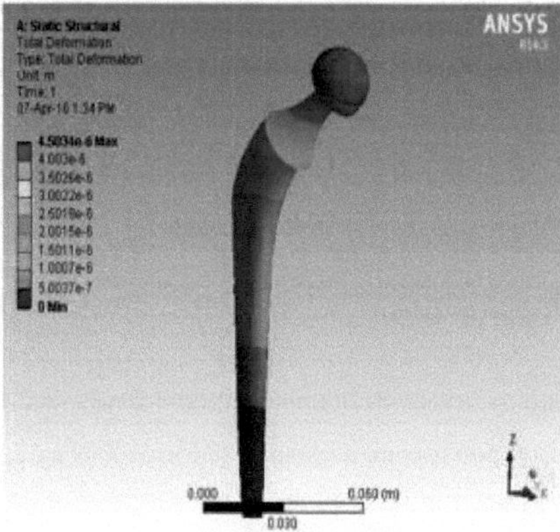

-*Figura 2: Deformações*

Os resultados obtidos a partir da simulação de elementos finitos de um implante de haste de articulação da anca humana mostram que todos os resultados para as seis ligas de titânio apresentam uma variação muito pequena. O valor mais elevado de deformação é apresentado pelo Ti-15Mo e o mais baixo pelo Ti-6Al-7Nb. O Ti-12Mo-6Zr-2Fe tem o peso máximo e o Ti-6Al-4V é o mais leve de todos os materiais.

2.3 Modelação por elementos finitos da carga estática de um implante da anca

Este artigo de Katarina Colica, Aleksandar Sedmakb, Aleksandar Grbovicb, Uros Tatica, Simon Sedmaka, Branislav Djordjevica [29] apresenta um estudo numérico de um implante de substituição para uma artroplastia parcial da anca. A estabilidade a longo prazo das próteses da anca depende das cargas exercidas sobre a articulação. As forças que ocorrem in vivo podem ser muito maiores do que os valores de teste recomendados, uma vez que um ciclo de marcha típico gera forças até 6-7 vezes o peso do corpo na articulação da anca.

2.3.1 Modelação com MEF

O modelo foi configurado com condições de fronteira apropriadas, incluindo a fixação da superfície inferior do implante ao longo de todos os graus de liberdade, e a carga foi aplicada na direção apropriada relativamente ao topo da cabeça femoral da prótese. A análise FEM da prótese foi efectuada utilizando o software ABAQUS (Dassault Systèmes), para simular a marcha lenta numa superfície plana para um modelo de liga Ti-6Al-4V.

As tensões foram calculadas para estimar a probabilidade de falha da prótese sob as cargas máximas de 6 KN que podem ocorrer durante um ciclo de marcha. As tensões de Von Mises nas hastes, causadas pela análise estática, são apresentadas na figura seguinte:

-Figura 2: Restrições de Von mises

2.3.2 Resultados e discussão

A Figura 2-5 mostra uma comparação gráfica do deslocamento do implante no final do cálculo, sob uma carga máxima de 6 kN, em comparação com o estado inicial não deformado.

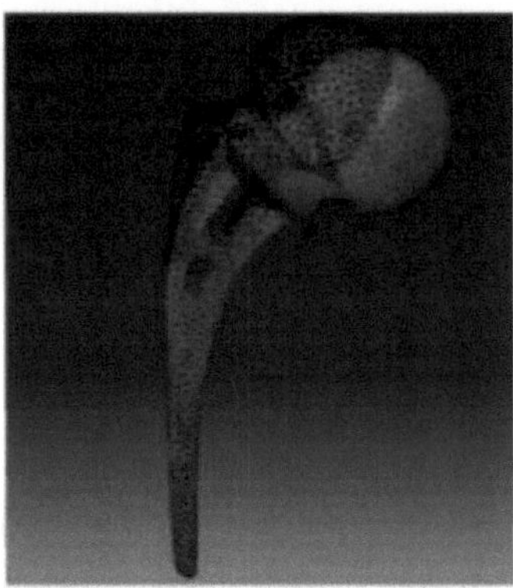

-Figura 2: Representação comparativa do estado inicial e do estado de carga máxima do implante

Os resultados das análises numéricas dos modelos propostos são apresentados no quadro seguinte

-Quadro 2: Resultados das análises numéricas dos modelos propostos

Problemas	Tensão máxima de Von Mises (MPa)
Problemas associados à marcha lenta numa superfície plana	256.3
Problemas para subir escadas	361.2
Problemas de tropeções	535.5
Problemas para descer as escadas	312.6

As tensões de Von Mises calculadas, apresentadas na Tabela 2.1, são significativamente inferiores às tensões de cedência do Ti-6Al-4V (860 MPa). A secção transversal do implante com o orifício representa a localização da concentração crítica de tensões. É também a área exacta onde ocorreu a fratura nos espécimes durante a extração (Figura 2-6).

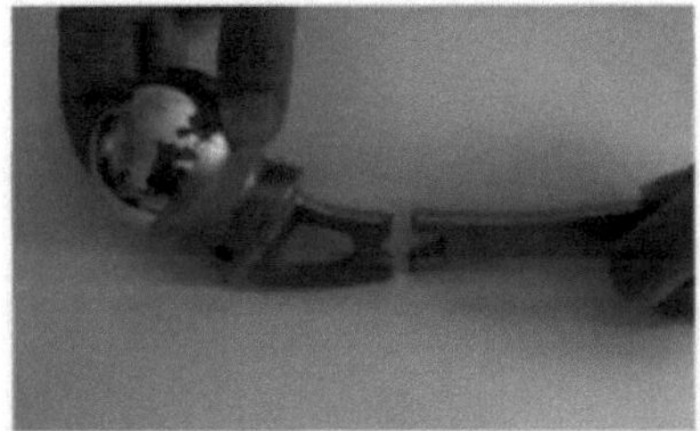

-Figura 2: Fratura de uma prótese artificial da anca

A Figura 2-7 mostra a deslocação total da prótese sob os efeitos da carga máxima.

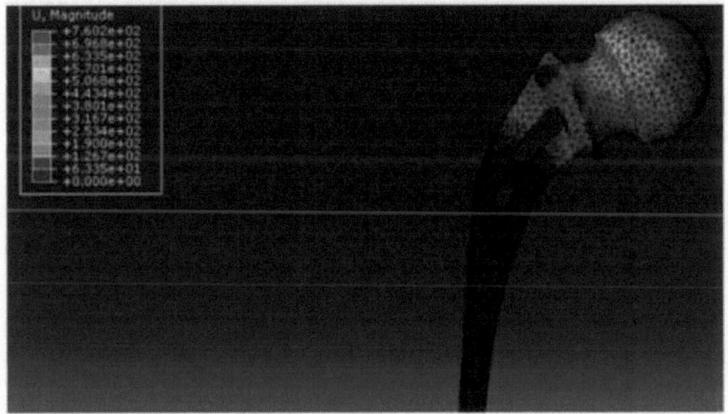

-Figura 2: Deslocação total da prótese sob o efeito da carga máxima

2.3.3 Conclusão

Para os resultados obtidos a partir da análise numérica estática, os valores da tensão de Von Misses são inferiores à tensão de cedência da liga Ti-6Al-4V e Co-Cr, mas superiores à tensão de cedência do aço 316L, mesmo sob as magnitudes de carga mais elevadas.

2.4 Análise numérica da distribuição de tensões na articulação artificial da anca devido à atividade de salto

O principal objetivo desta investigação, realizada por Gilar Pandu Annanto, Eko Saputra, J Jamari, Athanasius Priharyoto Bayuseno, Rifky Ismail, Mohammad

Tauviqirrahman e Iwan Budiwan Anwar [34], é garantir a segurança da prótese da anca utilizando o MEF. A prótese é sujeita à carga que ocorre durante a atividade de salto. Foram utilizados 3 materiais nesta investigação: liga de titânio (Ti-6Al-4V), liga de cobalto-crómio e aço inoxidável (SS316L).

2.4.1 Modelação e simulação MEF

2.4.1.1 Condições geométricas do modelo :

O diâmetro e o comprimento do colo do fémur são de 12 mm e 23,5 mm, respetivamente. A haste tem um diâmetro de 11 mm e uma altura de 142 mm. A camada de cimento ósseo tem aproximadamente 4 mm de espessura. A Figura 2-8 mostra o modelo geométrico utilizado neste estudo. A malha utilizada no estudo é tetraédrica.

-Figura 2: Modelação geométrica da prótese da anca

2.4.1.2 Condições de fronteira

A determinação do modelo de carga é baseada no trabalho de Senalp et al. Na análise dinâmica, a dinâmica F é aplicada à superfície da cabeça femoral. A dinâmica F representa a carga produzida pelo peso do corpo durante uma atividade de salto. A carga aplicada na zona proximal do trocânter maior é de 1,25 kN num ângulo de 20°. A parte inferior da haste é carregada com 250N. A Figura 2-9 mostra a direção da carga aplicada ao conjunto da prótese com o osso cimentado.

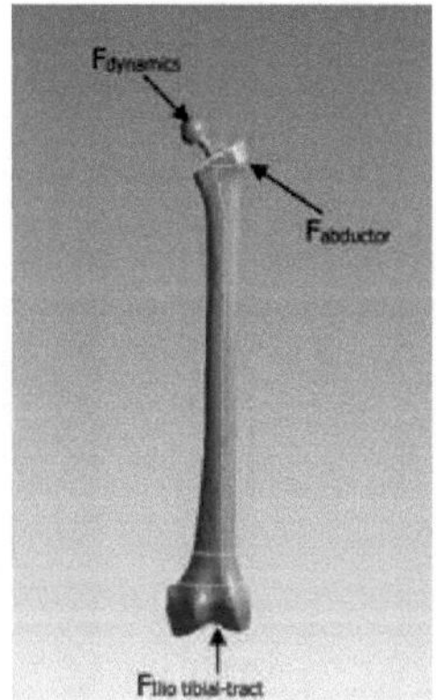

-*Figura 2: Modelação das cargas aplicadas à prótese da anca montada com o osso do fémur.*

As forças dinâmicas que são aplicadas neste estudo são as forças que ocorrem durante a atividade de salto.

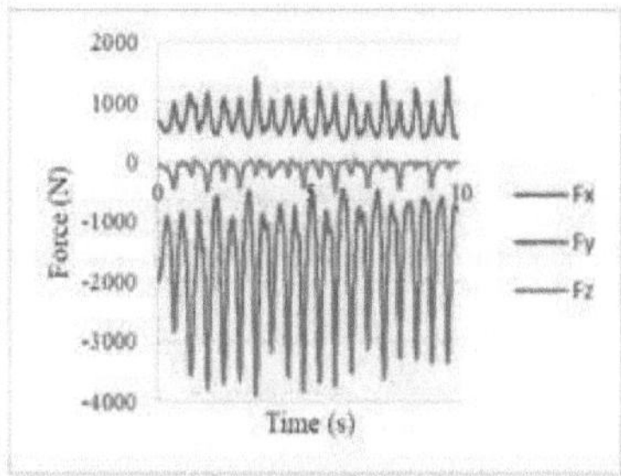

-*Figura 21: Forças dinâmicas aplicadas à anca durante a atividade de salto*

2.4.2 Resultados e discussão

As cargas foram aplicadas à prótese da anca utilizando 3 materiais: Ti-6AL-4V, Co-Cr e SS 316L.

A Figura 2-11 mostra a distribuição das tensões na prótese da anca que são produzidas durante a atividade de salto em Ti-6AL-4V.

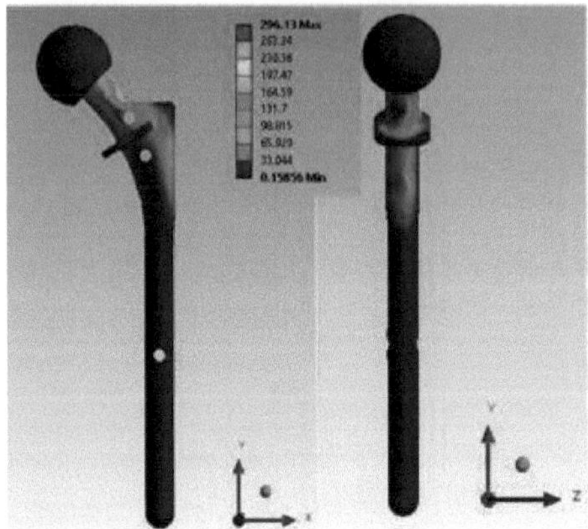

-Figura 22: Distribuição das tensões na prótese da anca produzidas durante a atividade de salto em Ti-6AL-4V

As tensões máximas produzidas com Ti-6Al-4V, liga de Co-Cr e SS316L são 296,13 MPa, 294,02 MPa e 294,51 MPa, respetivamente. A liga Ti-6Al-4V é a que apresenta o melhor desempenho das restantes, com um fator de segurança de 2,7.

2.5 Simulador de articulação da anca

Os estudos com simuladores de anca tornaram-se uma ferramenta eficaz para a investigação básica, bem como para os ensaios pré-clínicos, a fim de minimizar os riscos para os doentes quando recebem novos tipos de implantes. A história do desenvolvimento de simuladores, impulsionada principalmente pela investigação, levou ao desenvolvimento de muitos modelos diferentes.

O objetivo da avaliação do desgaste é determinar a taxa de desgaste e a sua dependência das condições de ensaio, que incluem a carga, a velocidade, a temperatura e a configuração espacial dos componentes móveis. Para obter resultados realistas, um ensaio de fadiga deve ser efectuado de modo a imitar o mais possível as condições de trabalho.

O simulador de anca imita a carga e os movimentos multiaxiais associados às actividades da vida diária, como subir e descer escadas, agachar-se para pegar em algo e correr [35].

-Figura 23: Simulador da articulação da anca [35]

Podemos propor uma conceção para um banco de ensaios de um simulador de anca. A conceção está ligada à simulação do movimento humano, uma vez que é complicado para as cabeças femorais, devido aos ângulos de flexão e extensão, adução e abdução, rotação para dentro e para fora.

A Figura 2-13 mostra a conceção de um simulador de articulação da anca ISO 14242 por Nikolaos I. Galanis, Membro, IAENG e Dimitrios E. Manolakos [36]. Galanis, Membro, IAENG e Dimitrios E. Manolakos [36].

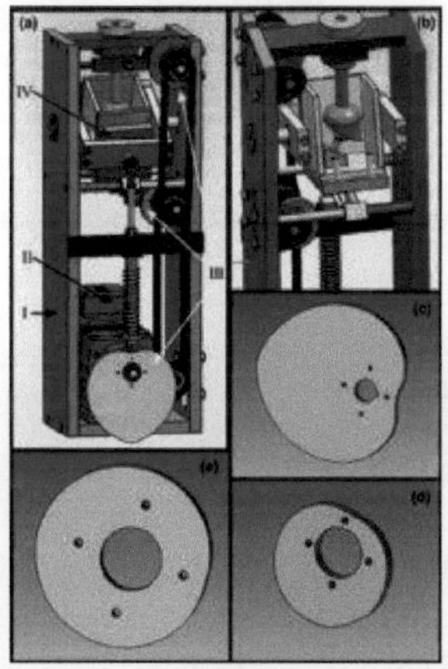

-Figura 24: Conceção de um simulador da articulação da anca [36].

Com :

(a) Simulador da articulação da anca. O conjunto da máquina divide-se em (I) corpo principal, (II) motor elétrico, (III) roldanas excêntricas e (IV) reservatório. (b) Uma secção do reservatório, (c) polia excêntrica de extensão e flexão, (d) polia excêntrica de abdução e adução e (e) polia excêntrica de rotação para dentro e para fora.

A Figura 2-14 mostra outros projectos de simuladores SolidWorks.

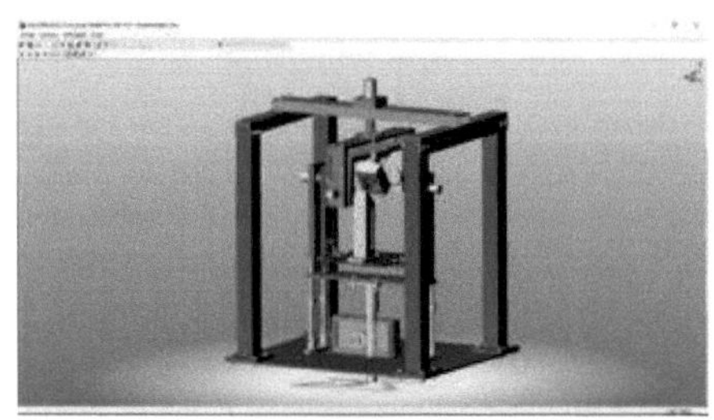

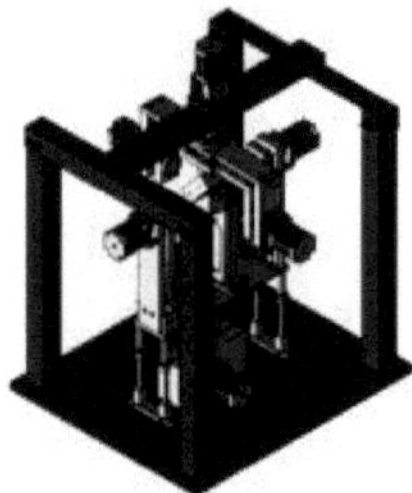

-Figura 25: Conceção de um dispositivo de ensaio de simulação da articulação da anca [37].

Os resultados obtidos com os modelos de elementos finitos do funcionamento da prótese da anca são apresentados no quadro seguinte.

-Quadro 2: Resumo dos modelos de elementos finitos da função da prótese da anca

Autores	Software utilizado	Carga aplicada	Resultados	
			Restrição	Viagens
Abhinav Kumar et al.	ANSYS	750 Pa	0,58 MPa	0,004 mm
Katarina Colica et al.	ABAQUS	6000N	535,5 MPa	0,76 mm
Gilar Pandu Annanto et al.	ANSYS	1250 N	296,13 MPa	_

2.6 Direção do projeto

O objetivo deste projeto é simular a carga exercida sobre uma prótese da anca, feita de uma liga Ti-6Al-4V, tal como ocorre no corpo humano, a fim de determinar a sua resistência, a sua vida à fadiga e a localização potencial da falha.

Ao contrário dos estudos anteriores, este utiliza cargas cíclicas em vez de cargas estáticas.

2.7 Conclusão

A partir deste resumo da literatura, podemos concluir que o Ti-6Al-4V utilizado nas próteses da anca pode suportar grandes cargas aplicadas sem risco de falha. No próximo capítulo, faremos uma análise numérica utilizando o MEF num modelo real de uma prótese de anca sujeita a cargas máximas.

CHAPITRE 3: SIMULAÇÕES E ANALISES NUMERICAS UTILIZANDO O METODO DOS ELEMENTOS FINITOS (MEF)

3.1 Introdução

Uma prótese é o resultado de um ciclo de conceção e de fabrico, cujas caraterísticas iniciais são determinadas pelas condições geométricas das peças, pelas superfícies de contacto e pelas propriedades mecânicas dos materiais.

O método dos elementos finitos é considerado uma ferramenta indispensável para a análise e o projeto. A utilização de simulações numéricas desenvolveu-se nos últimos anos graças à melhoria do desempenho dos recursos informáticos e dos códigos de cálculo (ABAQUS, ANSYS, etc.). Isto permite modelizar geometrias complexas. Este método oferece perspectivas interessantes em relação aos modelos analíticos.

erèmePropomos um modelo de uma prótese da anca em liga de titânio Ti-6Al-4V do tipo Muller com dois tipos de fixação: o tipo 1 é a fixação total da haste femoral: para verificação da resistência do colo, em conformidade com a norma ISO 7206-6 (ensaio de fadiga do colo) e o tipo 2 é a fixação parcial: para verificação da resistência da haste, em conformidade com a norma ISO 7206-4 (ensaio de fadiga da haste).

3.2 Forças aplicadas na anca

Esta informação é necessária para testar e melhorar o desgaste, a resistência e a estabilidade de fixação das próteses da anca.

As forças de contacto da anca em doentes de diferentes pesos para um ciclo de marcha estão ilustradas na Figura 3-1 [38], que mostra que a força máxima é de 3000N de acordo com a norma ISO 14242-1.

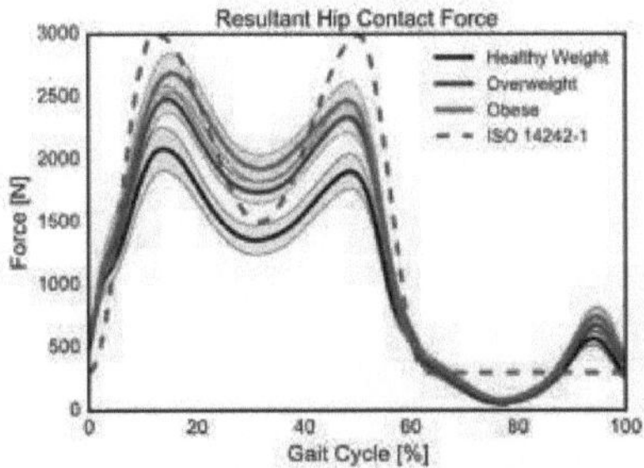

-*Figura 3: Força de contacto da anca em doentes com pesos diferentes durante um ciclo de marcha*

3.2.1 Forças de contacto da anca durante as actividades diárias

É necessário conhecer as forças de contacto na articulação da anca para testar a resistência, a fixação, o desgaste e a fricção dos implantes, para poder modelar os seus desenhos e materiais através de simulação digital e para dar indicações sobre as actividades que os doentes devem evitar após a cirurgia da prótese.

As observações experimentais de G. Bergman et al (2001) [39] mostram que a carga sobre a articulação da anca de um doente normal é de 238%P (do peso corporal) quando caminha a cerca de 4 km/h e ligeiramente menos quando se mantém de pé numa só perna. A força de contacto da articulação é de 251%P ao subir escadas e menos de 260%P ao descer.

A força de contacto entre a anca e a magnitude F é transmitida pela cúpula acetabular à cabeça do implante.

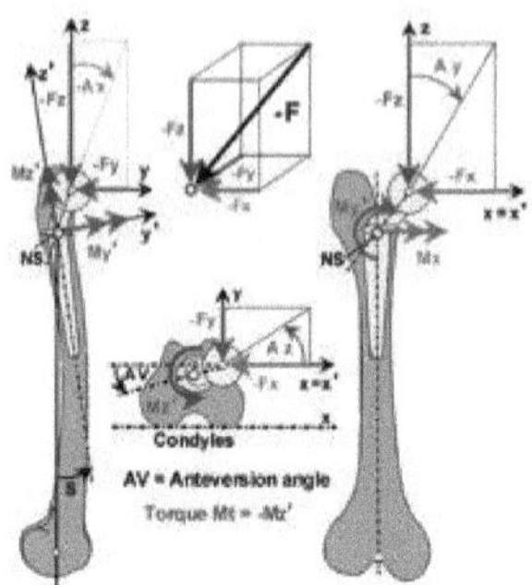

-*Figura 3: Sistema de coordenadas para as forças de contacto da anca, sendo F o vetor da força de contacto da anca.*

O doente realiza várias actividades durante o dia que aplicam forças de contacto à anca A Figura 3-3 ilustra 9 actividades:

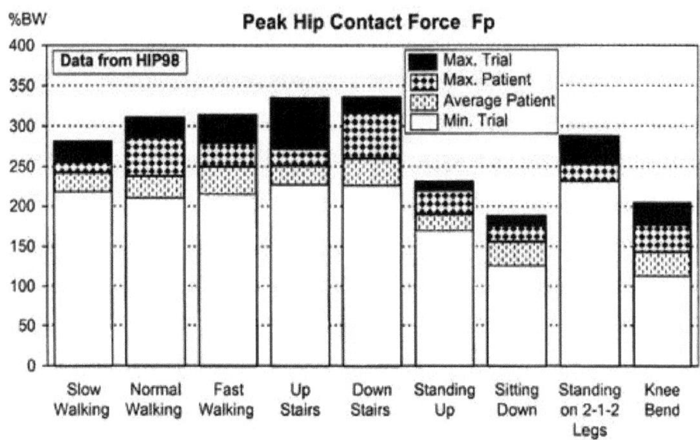

-Figura 3: Valores da força de contacto para cada atividade

A média individual mais elevada de todos os doentes (doente máximo) pode atingir 340%P durante a descida da escada (Figura 3-3).

Os resultados obtidos (tabela 3.1) mostram que a força máxima de um doente normal é registada durante a descida de escadas com 260 %P.

-Quadro 3: Forças de contacto da anca para cada padrão de actividades de rotina de um doente normal

	Força (%p)	Tempos de ciclo (s)
Caminhada lenta	242	1.25
Caminhada rápida	238	1.11
Funcionamento normal	250	0.96
Subir escadas	251	1.59
Descida de escadas	260	1.46
Levantar-se de uma cadeira	190	2.49
Sentado numa cadeira	156	3.72
Mudar para a perna 2-1-2	231	6.72

3.2.2 A carga aplicada à articulação da anca durante a marcha e a corrida

A força transmitida à cabeça do fémur e à prótese durante a marcha e a corrida foi recolhida por Bergmann et al. 1993 [40] que, utilizando próteses femorais instrumentadas implantadas em dois pacientes idosos, determinaram a carga máxima na articulação da anca durante a marcha e a corrida.

3.2.2.1 A carga aplicada à articulação da anca durante a marcha

A força resultante e os seus componentes eram muito semelhantes para a articulação esquerda do doente 1 (Figura 3-4), a articulação direita do doente 1 (Figura 3-4(a)) e para o doente 2 (Figura 3-4(b)). $_m$O pico de força R aumentou com a velocidade da marcha.

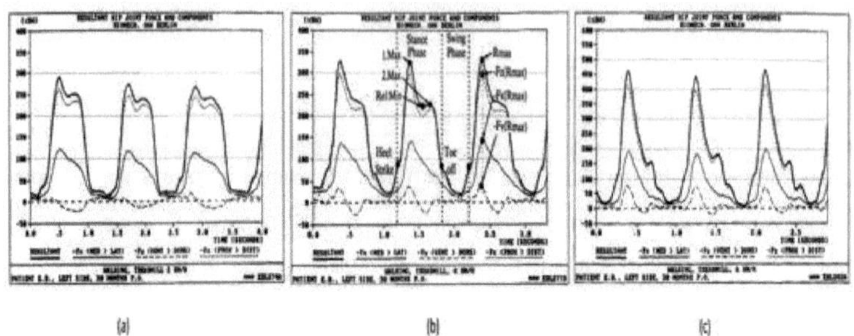

-Figura 3Resultados da carga na articulação da anca esquerda do doente 1 enquanto caminhava a uma velocidade de (a) 2 Km/h, (b) 4 Km/h, (c) 6Km/H

A força resultante registada durante a marcha lenta (2 km/h) é de 280%P, 325%P durante a marcha normal (4 km/h) e pode exceder 450%P durante a marcha rápida (velocidade de 6 km/h).

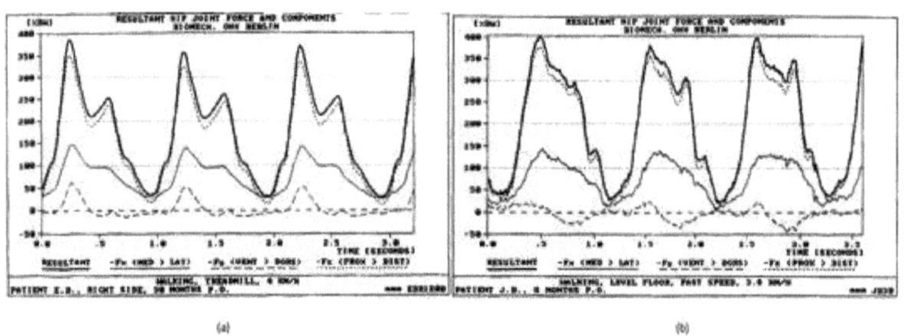

-Figura 3: Força resultante na articulação da anca: (a) anca direita do doente 1; (b) doente 2

A força resultante máxima registada durante a marcha normal (4 km/h) foi praticamente a mesma em ambos os doentes: ±400%P.

3.2.2.2 A carga aplicada à articulação da anca durante a corrida

A Figura 3-6 mostra que a força resultante pode atingir até 500%P durante o curso.

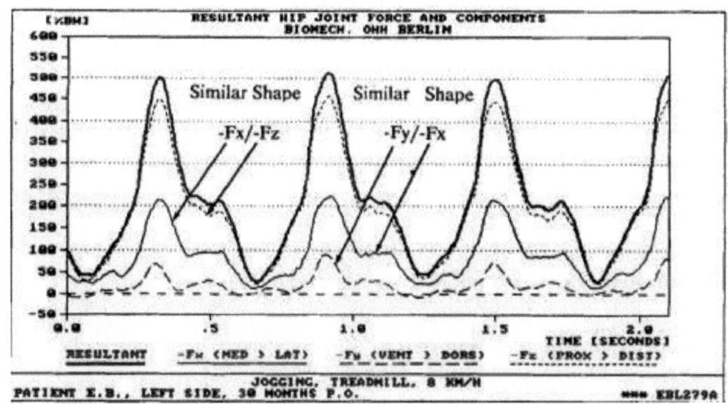

-Figura 3: Resultado da força aplicada à anca a uma velocidade de 8 km/h

3.3 Modelação e simulação

O software SolidWorks foi utilizado para desenhar o modelo da prótese da anca. O nosso modelo é um implante cimentado em liga de titânio do tipo Muller, com a cabeça femoral de 38 mm de diâmetro soldada à haste.

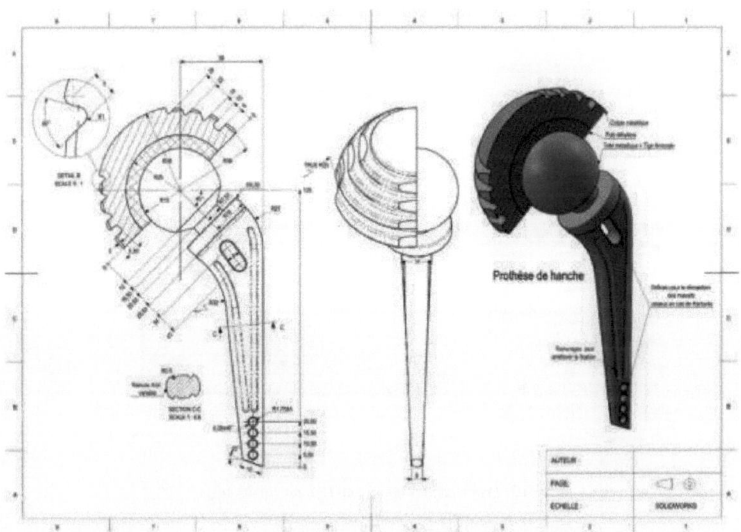

-Figura 3: Desenho geral da prótese da anca [Anexo 2].

E para analisar os resultados da carga, utilizámos o Ansys 2020 R2.

O objetivo desta análise é determinar os pontos de concentração de tensões na prótese.

Toda a haste femoral e a cabeça são feitas de superliga de titânio Ti-6Al-4V. As forças são aplicadas de acordo com o trabalho de Pauwels sobre a carga pélvica durante a marcha com apoio monopodal.

3.3.1 Propriedades dos materiais e a lei do comportamento

3.3.1.1 Propriedades dos materiais

As propriedades do material utilizado, retiradas dos dados técnicos do Ansys, são apresentadas no quadro seguinte:

-Tabela 3: Propriedades do Ti-6Al-4V :

^{3}Densidade (Kg/m)	Módulo de Young (MPa)	Módulo de elasticidade (MPa)	Rácio de Poisson	Resistência ao escoamento (MPa)	Resistência à rutura (MPa)
4430	116000	114000	0.33	880	950

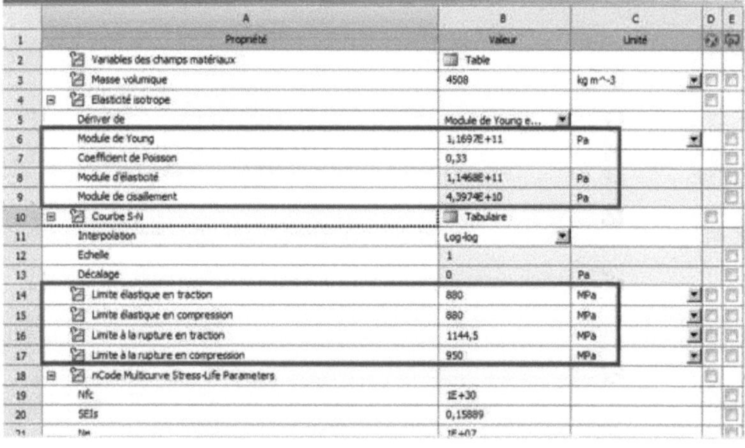

	A	B	C	D	E
1	Propriété	Valeur	Unité		
2	Variables des champs matériaux	Table			
3	Masse volumique	4508	kg m^-3		
4	Elasticité isotrope				
5	Dériver de	Module de Young e...			
6	Module de Young	1,1697E+11	Pa		
7	Coefficient de Poisson	0,33			
8	Module d'élasticité	1,1468E+11	Pa		
9	Module de cisaillement	4,3974E+10	Pa		
10	Courbe S-N	Tabulaire			
11	Interpolation	Log-log			
12	Echelle	1			
13	Décalage	0	Pa		
14	Limite élastique en traction	880	MPa		
15	Limite élastique en compression	880	MPa		
16	Limite à la rupture en traction	1144,5	MPa		
17	Limite à la rupture en compression	950	MPa		
18	nCode Multicurve Stress-Life Parameters				
19	Nfc	1E+30			
20	SEIs	0,15889			
21	Nn	1E+07			

-Figura 3: Propriedades do Ti-6Al-4V a partir de Ansys

3.3.1.2 Lei do comportamento

Diz-se que o comportamento é elástico e linear quando, num ensaio, a curva tensão-deformação é a mesma ao carregar e ao descarregar; o comportamento do material é então dito elástico. O comportamento elástico é linear quando o tensor de deformação é proporcional ao tensor de tensão durante o carregamento. A relação tensão-deformação é linear, caracterizada por dois parâmetros: um módulo de elasticidade axial (módulo de Young) E, no caso de um ensaio de compressão ou tração simples, ou um módulo de cisalhamento G, no caso de um ensaio de cisalhamento simples, e o coeficiente de Poisson ν [41].

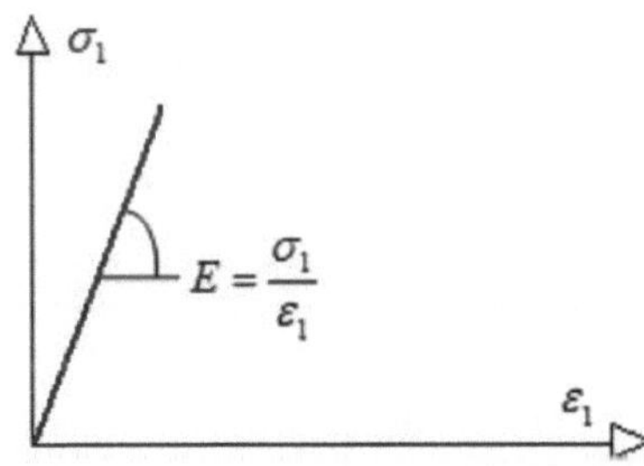

-Figura 3: Diagrama tensão versus deformação

3.3.2 Modelo 1: Haste femoral totalmente cimentada

3.3.2.1 Condições de fronteira

O primeiro modelo é configurado de acordo com a norma ISO 7206-6 (ensaio de fadiga do colo) (Figura 3-10) com as seguintes condições de fronteira: a haste femoral é fixada de forma a eliminar todos os graus de liberdade e a carga é aplicada à cabeça femoral, de acordo com a norma ISO 14242-1 (Figura 3-1), apresentada por uma força de 3000N (Figura 3-11).

-Figura 31: Ensaio de fadiga em conformidade com a norma ISO 7206-6

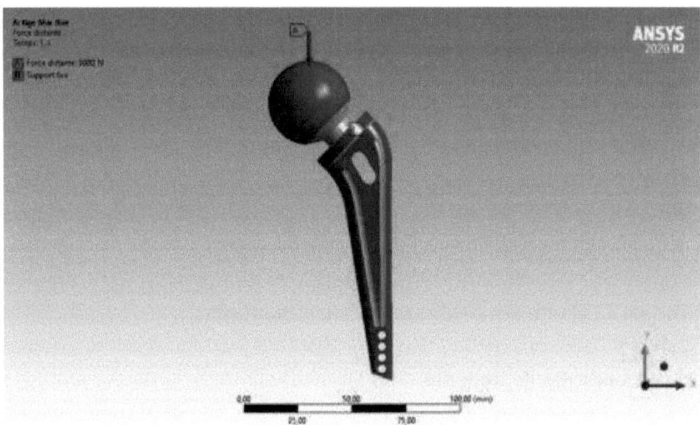

-Figura 32: Condições de fronteira aplicadas à prótese da anca

3.3.2.2 Malha associada ao modelo

Os elementos de malha escolhidos são os tetraedros, que são os melhores elementos para a criação de malhas de geometria complexa.

[ère]Para este modelo, escolhemos uma malha com um tamanho de elemento de 2 mm, uma vez que este é o tamanho onde o valor máximo de tensão começa a estabilizar num tempo ótimo, com refinamento no pescoço. O modelo é apresentado na figura seguinte:

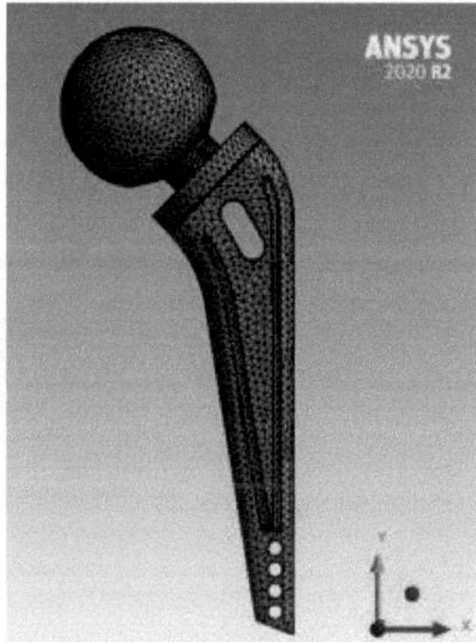

-Figura 33: Malha associada ao modelo 1

3.3.2.3 Os resultados obtidos

As tensões de Von Mises da análise estática são apresentadas na Figura 3-13 e o deslocamento total na Figura 3-15.

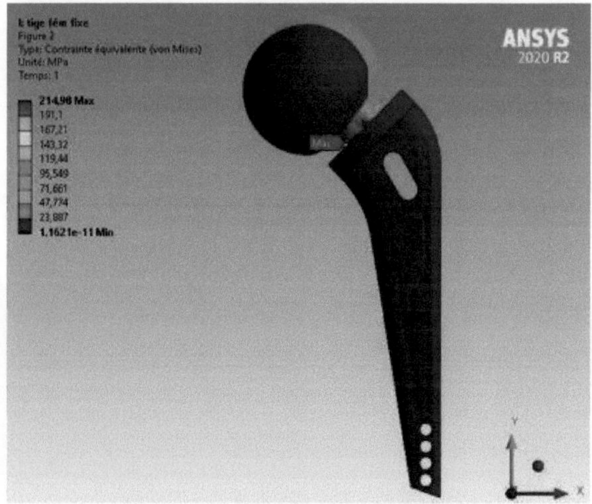

-Figura 34: Restrições equivalentes de Von Mises

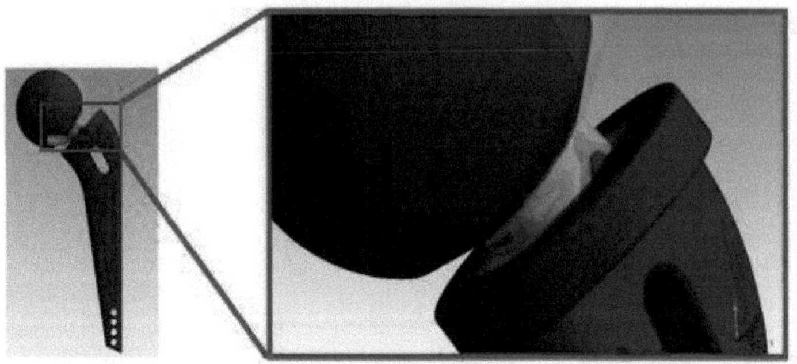

-*Figura 35: Zona de rutura prevista*

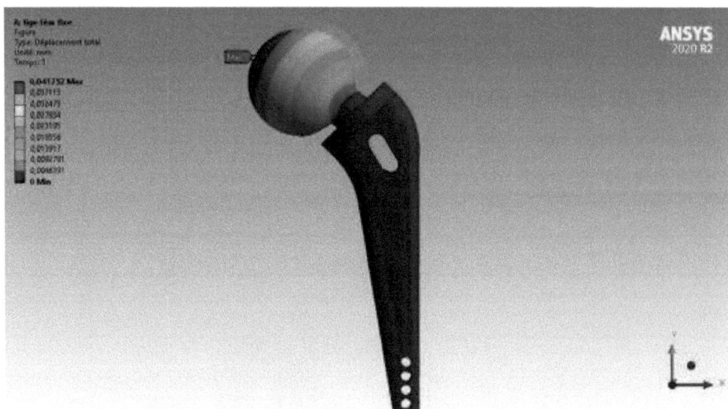

-*Figura 36: Deslocação total*

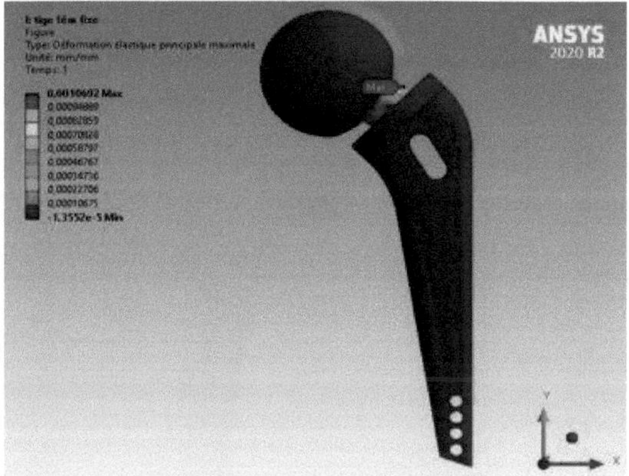

-Figura 37: Deformação elástica máxima

$_{e}$Pode ser visto a partir da simulação de elementos finitos que a prótese da anca resiste às cargas aplicadas com uma tensão máxima de 215 MPa < σ = 880 MPa e um deslocamento máximo de 41µm.

3.3.3 Modelo 2: Haste femoral semi-cimentada

3.3.3.1 Condições de fronteira

A fixação da haste femoral no segundo modelo é efectuada de acordo com a norma ISO 7206-4 (ensaio de fadiga da haste) (Figura 3-17): apenas 2/3 da haste é fixada e a carga é aplicada à cabeça femoral e apresentada por uma força de 3000N (Figura 3-18).

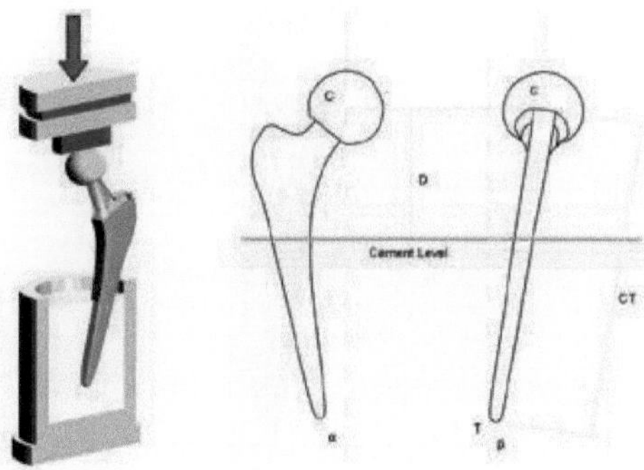

-Figura 38: Ensaio de fadiga em conformidade com a norma ISO 7206-4

-Figura 39: Força aplicada à prótese da anca

3.3.3.2 Malha associada ao modelo

Para este modelo, escolhemos a mesma malha do modelo 1 com um refinamento na área não cimentada da haste, apresentada na figura seguinte:

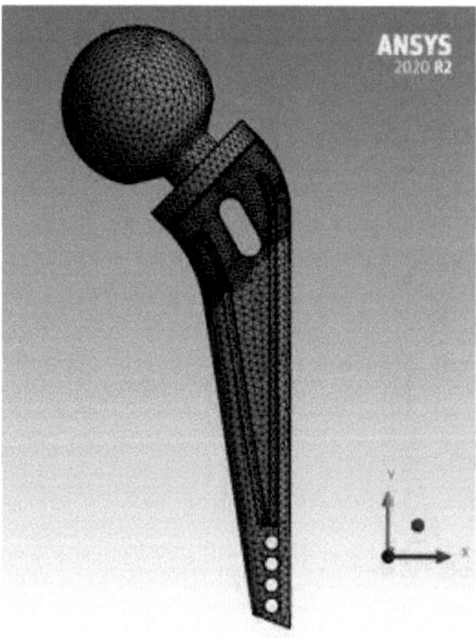

-*Figura 310: Malha associada ao modelo 2*

3.3.3.3 Os resultados obtidos

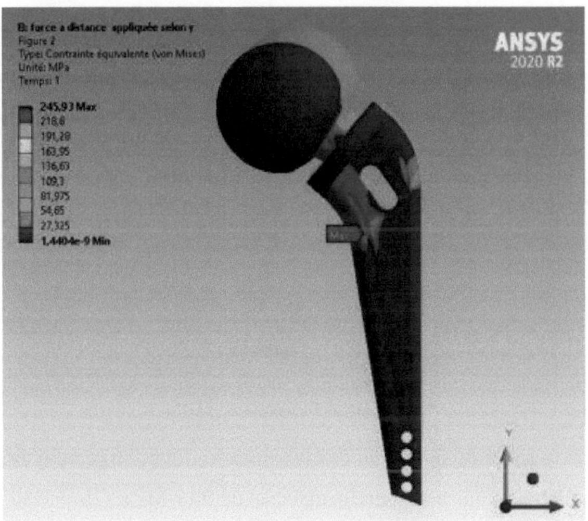

-*Figura 311: Tensão equivalente de Von Mises*

-*Figura 312: Zona de rutura prevista*

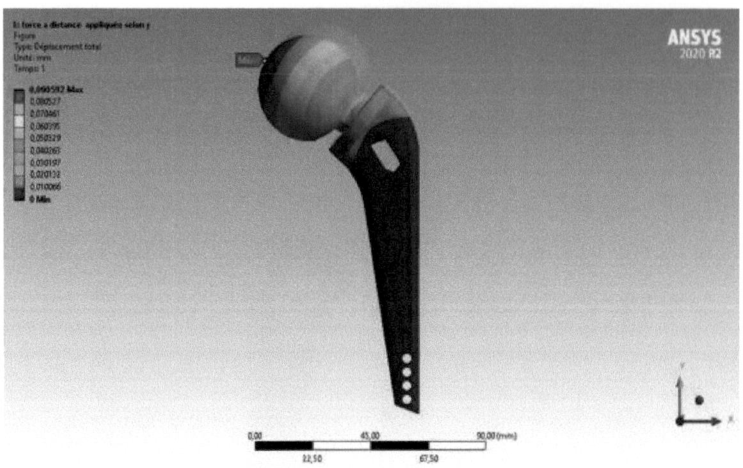

-Figura 313: Deslocação total

ePode ser visto a partir da simulação de elementos finitos que a prótese da anca resiste às cargas aplicadas com uma tensão máxima de 246 MPa < σ = 880 MPa e um deslocamento máximo de 90 μm. A Figura 3-19 mostra o aparecimento de um novo plano onde é provável que ocorra uma falha no modelo semi-cimentado.

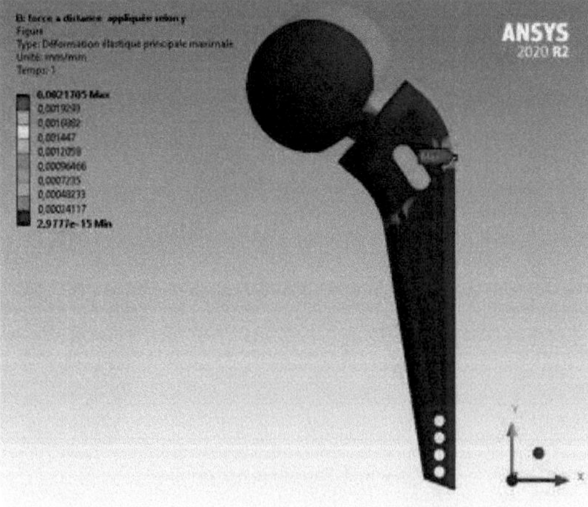

-Figura 314: Principal deformação elástica

-Figura 315: Coeficiente de segurança

Com base no teste efectuado por G. Bergmann et al, a força resultante pode atingir até 500%P durante o curso. Supondo que uma pessoa pesa 120Kg, a força aplicada é de 6000N (120x9,8x5). Por esta razão, retomámos o trabalho com os modelos anteriores, mas com uma força máxima de 6000 N, que é o dobro do valor exigido pela norma IS0 7206-7.

- Modelo 1:

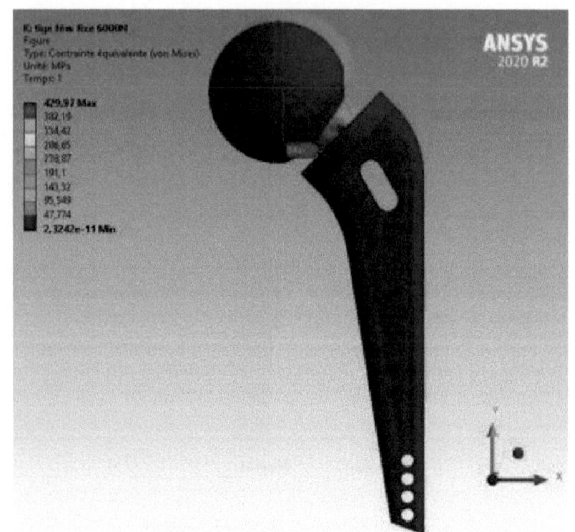

-Figura 316: Tensão equivalente de Von Mises

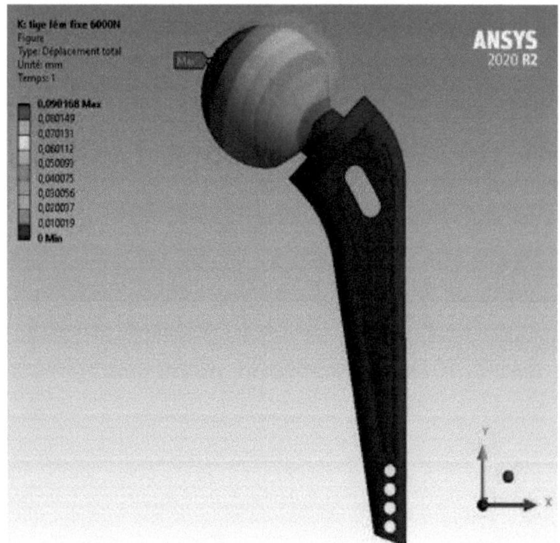

-Figura 317: Deslocação total

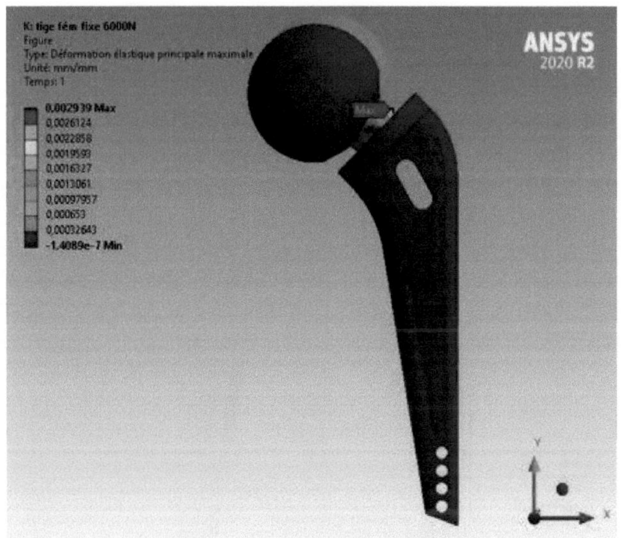

-Figura 318. Deformação elástica máxima

Coeficiente de segurança :

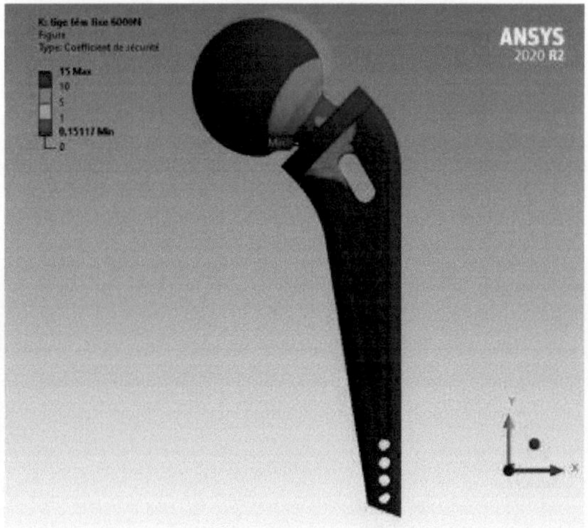

-Figura 319: Coeficiente de segurança

- Modelo 2:

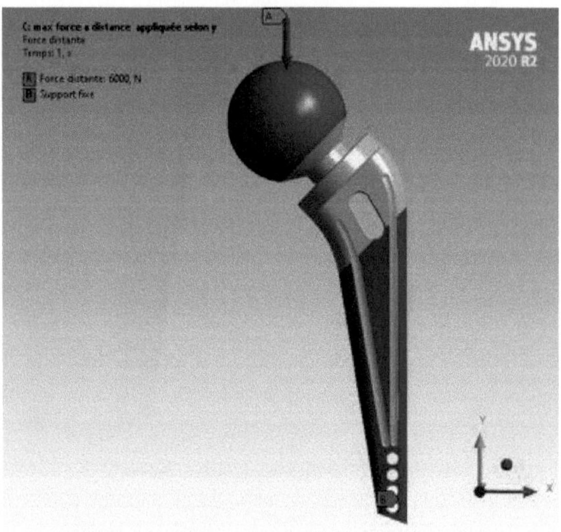
C: max force à distance appliquée selon y
Force distante
Force distante: 6000, N
ANSYS
2020 R2
A
B
Y
X

-*Figura 320: Força máxima aplicada à prótese da anca*

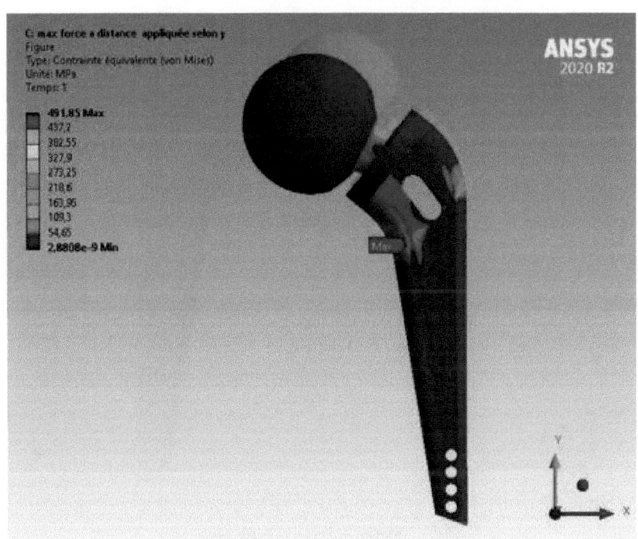

-*Figura 321: Tensão equivalente de Von Mises*

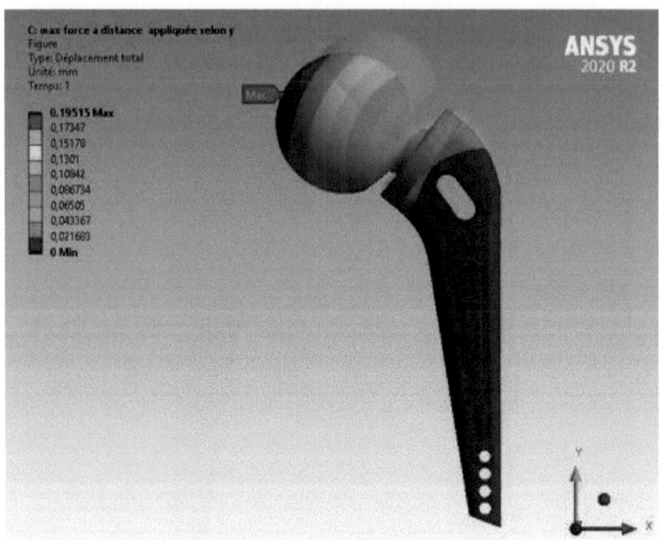

-*Figura 322: Deslocação total*

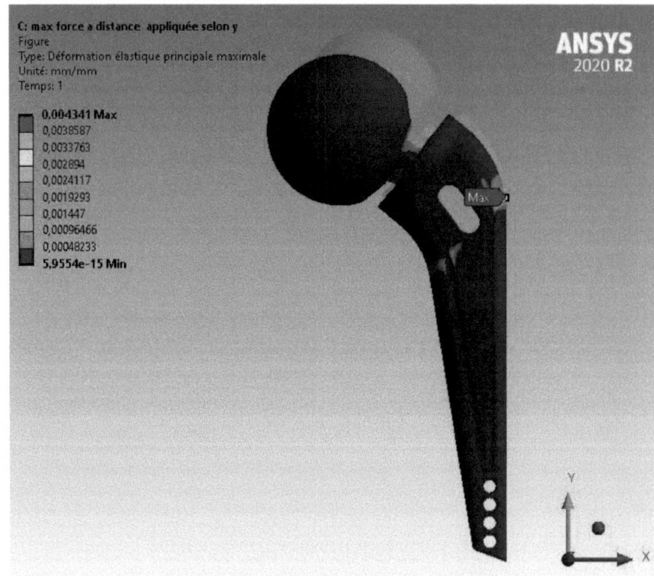

-*Figura 323: Deformação elástica máxima*

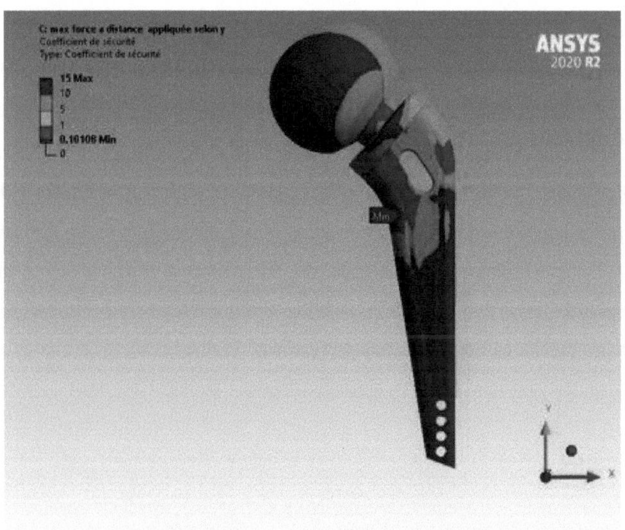

-Figura 324. Coeficiente de segurança

Os resultados da análise numérica são apresentados no quadro seguinte:

-Tabela 3: Tensões máximas com diferentes forças para os dois modelos de prótese da anca

Model o	Força (N)	Max σ (MPa)	Deformação elástica máxima (mm/mm)	Deslocação total (mm)
1	3000	214.98	0.001069	0.04175
	6000	429.97	0.002939	0.09016
2	3000	245.93	0.002170	0.09059
	6000	491.85	0.004341	0.19515

erèmeOs resultados mostram que a distribuição das tensões equivalentes de Von Mises ao longo do implante não é uniforme, com a tensão mais elevada marcada na zona proximal no ponto de contacto com o colo da haste femoral para o modelo 1 e no modelo 2 perto do orifício oblongo. Existe um risco de fratura na zona proximal.

Nas partes posterior e anterior, as tensões equivalentes de Von Mises são nulas, pelo que o implante está sujeito a uma carga mecânica muito reduzida.

MaxSe compararmos os resultados σ obtidos, 215 MPa para o modelo 1 e 246 MPa para o modelo 2, com o limite elástico do implante Ti-6Al-4V (880 MPa), verificamos que se mantêm dentro do intervalo de segurança aceitável.

$_{Max}$Mesmo com uma carga máxima de 6000N, os resultados σ , para os modelos 1 e 2, são 430 MPa e 492 MPa, respetivamente, permanecendo abaixo de 880 MPa.

3.4 Conclusão

O objetivo da conceção de uma prótese da anca é ter uma tensão baixa, um deslocamento baixo e um desgaste baixo com uma vida à fadiga muito elevada. Pode concluir-se que a aplicação do método dos elementos finitos (MEF) é uma boa abordagem alternativa para fornecer resultados preliminares e conhecimentos sobre as propriedades mecânicas de potenciais projectos de implantes.

CHAPITRE 4: ESTUDO E SIMULAÇÃO DO COMPORTAMENTO A FADIGA DA PROTESE DA ANCA

4.1 Introdução

Para determinar a resistência da prótese da anca em Ti-6Al-4V, a vida à fadiga da prótese e a localização da potencial falha, será efectuada uma simulação utilizando o software nCode DesignLife. Assume-se que a carga do movimento é cíclica, com um ciclo de fadiga sinusoidal periódico.

4.2 Informações gerais sobre a fadiga

O termo fadiga refere-se geralmente à degradação lenta dos materiais devido à aplicação de ciclos de tensão repetidos ao longo do tempo. Na fadiga, os materiais são caracterizados por ensaios em que um provete é sujeito a uma carga sinusoidal alternada de amplitude constante até se observar o início de uma fenda.

O número de ciclos até à iniciação obtido experimentalmente é então comparado com o número de ciclos até à rotura da estrutura. $_a$Estes ensaios são repetidos para diferentes níveis de amplitude de carga, a fim de estabelecer a curva de Wöhler do material, dando na ordenada a amplitude da tensão observada σ ou σ (dependendo da razão de carga R) em função do ciclo na iniciação ou na rotura (em escala logarítmica).

$_D$ A fadiga é caracterizada pelo limite de resistência σ, que representa o nível de tensão acima do qual pode ocorrer a iniciação de fissuras (rotura). A probabilidade de falha depende do número de ciclos N, do rácio de carga R e da temperatura (a frequência não é importante para os materiais metálicos) [42].

4.2.1 Definições

A fadiga é um modo de falha que ocorre quando um material é sujeito a tensões ou deformações cíclicas, repetidas ou alternadas. Esta ação pode levar a alterações nas propriedades locais de um material e pode resultar na formação de fissuras e eventual falha da estrutura.

O perigo de fadiga existe em dois casos: quando o nível de carga é inferior ao limite elástico, ou quando a fissuração não é visível a olho nu.

As principais fases da fadiga são

Iniciação da fenda, propagação da fenda e falha final.

4.2.2 Ciclos de tensão de fadiga

Sempre que existe um ciclo de tensão variável ao longo do tempo, existe um risco de rutura. O ciclo de tensão real é aleatório, mas nos laboratórios o ciclo de tensão é simplificado para um ciclo periódico.

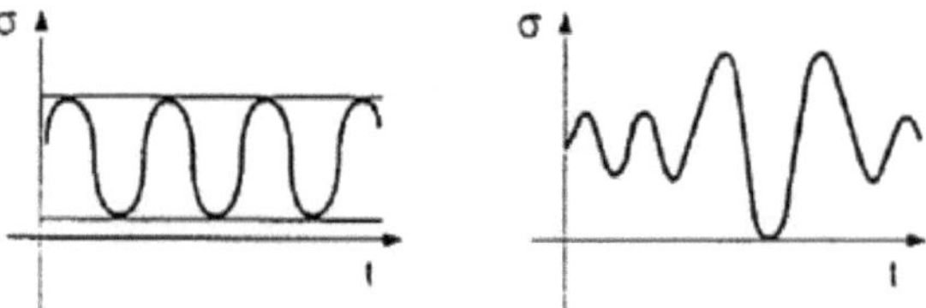

-Figura 4: Ciclo de fadiga: (a) ciclo de tensão periódico, (b) ciclo de tensão aleatório

(a) (b)

O ciclo de tensão é a repetição periódica da função tensão-tempo. $_{am}$A tensão sinusoidal pode ser considerada como a sobreposição de uma tensão alternada σ e de uma tensão estática σ denominada tensão média.

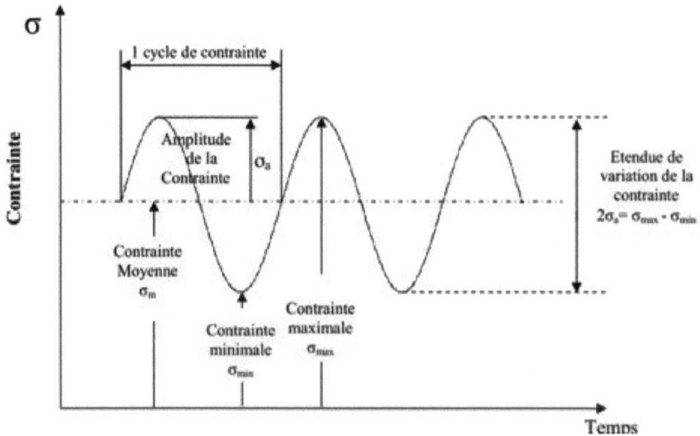

-Figura 4: Ciclo de tensão de fadiga

As caraterísticas de um ciclo de fadiga são apresentadas na Figura 4-2:

Amplitude de tensão: $\sigma_a = (\sigma_{max} - \sigma_{min})/2$

Extensão da variação de tensão : $\Delta\sigma = \sigma_{max} - \sigma_{min}$

Tensão máxima: σ_{max}

Tensão mínima: σ_{min}

Tensão média: $\sigma_m = (\sigma_{max} + \sigma_{min})/2$

Relação de carga: $R = \sigma_{min} / \sigma_{max}$

Os ciclos de fadiga dependem da relação de carga, da tensão média e do módulo de tensão.

As formas possíveis do ciclo de restrições são apresentadas na figura seguinte:

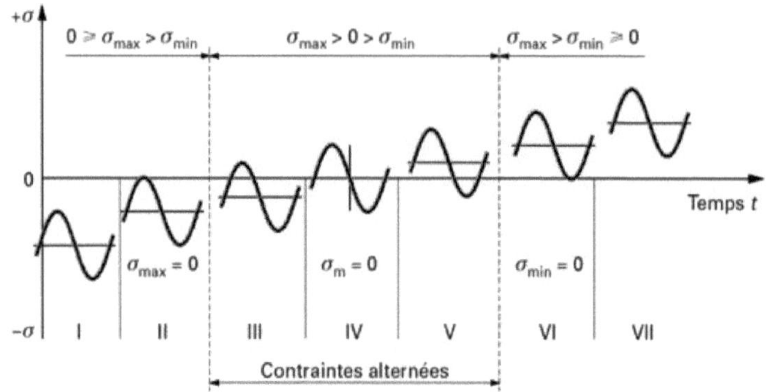

-Figura 4: Formas do ciclo de tensão

-Quadro 4: Tipos de restrições

Tipo de restrição	Compressão		Tração	
	Zon a	Rácio de carga	Zon a	Rácio de carga
Corrugado	I	$_{\sigma}1 < R < +\infty$	VII	$_{\sigma}0 < R < 1$
Repetido	II	$_{\sigma}R = +\infty$	VI	$_{\sigma}R = 0$
Assimétrico alternado	III	$_{\sigma}-\infty < R < -1$	V	$_{\sigma}-1 < R < 0$
Puramente alternado	IV	$_{\sigma}R = -1$		

4.2.3 Resistência à fadiga dos materiais

0.2%, P ara aplicar um ensaio de fadiga a uma peça mecânica, é necessário conhecer a tensão de cedência Re ou Rp do material, a tensão de rotura Rm (para calcular a resistência à carga estática) e as caraterísticas mecânicas do material.

4.3 Leis da fadiga

Existem vários métodos para prever a vida à fadiga na presença de tensões médias.

Na Figura 4-4, os métodos de Goodman, Gerber e Soderberg são apresentados no diagrama de Haigh.

Equação de Goodman :

$_{aDmm}\sigma = \sigma .(1 - \sigma /R)$

A equação de Gerber :

$_{aDmm}\sigma = \sigma .(1 - \sigma /R)^2$

A equação de Soderberg :

$_{aDme}\sigma = \sigma .(1 - \sigma /R)$

$_{amDmme}$Sendo σ a amplitude da tensão, σ a tensão média, σ a resistência à fadiga correspondente à amplitude da tensão no caso de σ =0, R a resistência à tração e R a resistência ao escoamento.

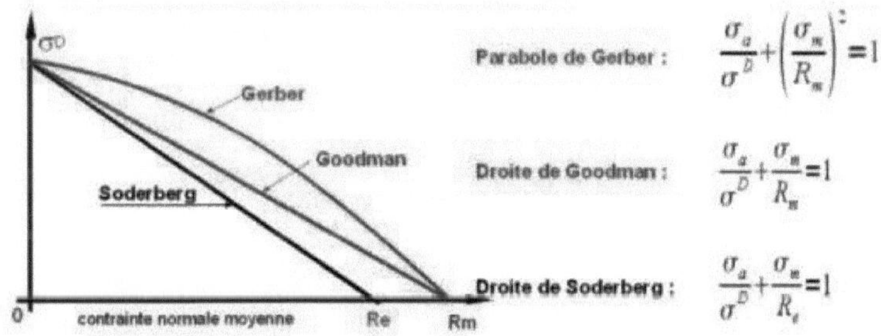

-Figura 4: Diagrama de Haigh mostrando as leis empíricas de Gerber, Goodman e Soderberg

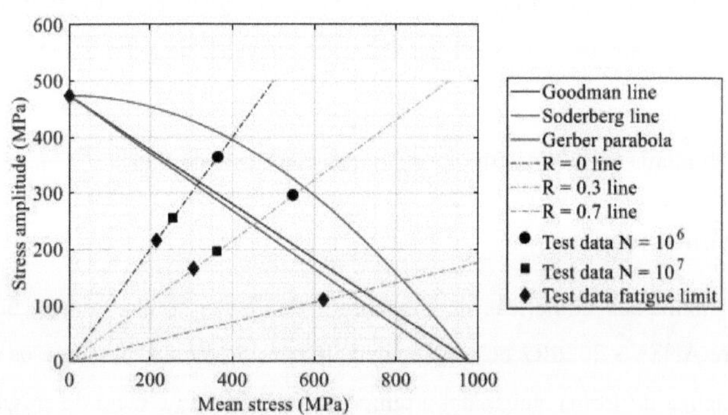

-Figura 4: Diagrama de Haigh para Ti-6Al-4V [43]

- Lei de Goodman

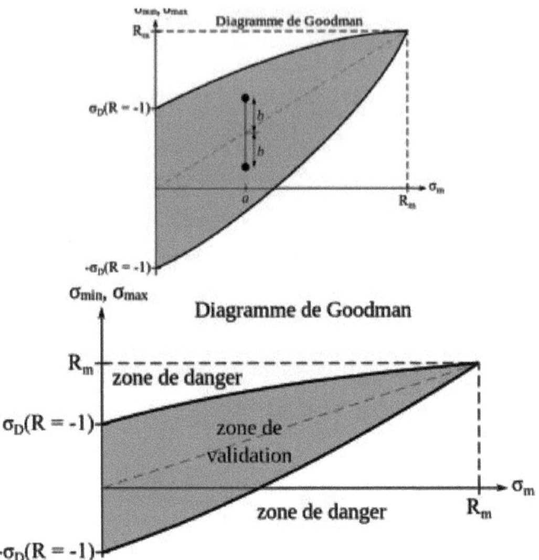

-Figura 4: Diagrama de Goodman

A forma mais simples é a lei linear de Goodman:

$_{DDmm}\sigma$ (R) = σ (R = -1)· (1 - σ /R)

$_{ma}$Se o caso for σ = a e σ = b

Colocamos o segmento [(a ; a - b) ; (a ; a + b)]. Se o segmento estiver dentro da zona de validação, consideramos que o projeto foi validado e que a peça resistirá.

[7]Se o ponto estiver fora da zona de segurança, estamos na zona de perigo, a zona de vida limitada ($_{rutura}$ $N < 10$); o projeto não está validado. [44]

4.4 Simulações

As simulações numéricas de um ensaio de fadiga foram criadas utilizando o software ANSYS 2020R2 nCode DesignLife para determinar a vida e os danos, sob carga cíclica de forma sinusoidal à temperatura ambiente e rácio de carga $\Delta\sigma$=10, e isto para a haste da prótese da anca em liga de titânio Ti-6Al-4V.

4.4.1 Descrição do software : nCode DesignLife

O nCode DesignLife é um sistema de análise de fadiga baseado em CAE (Engenharia Assistida por Computador: um processo de resolução de problemas de engenharia através da utilização de software gráfico complexo), que contém um conjunto abrangente de solucionadores e métodos avançados para prever a durabilidade das estruturas a partir de ficheiros de resultados de análises de elementos finitos. Identifica locais críticos e calcula vidas realistas à fadiga para metais e compósitos.

4.4.1.1 Caraterísticas

O nCode é uma tecnologia avançada para a análise de fadiga multiaxial, soldaduras, compósitos de fibras curtas, fadiga por vibração, propagação de fissuras e fadiga termomecânica, com uma interface gráfica de utilizador intuitiva para realizar análises de fadiga a partir de resultados de FEA como ANSYS, Nastran, Abaqus, Altair OptiStruct, LS-Dyna e outros.

4.4.1.2 Benefícios

- Reduzir a necessidade de ensaios físicos e evitar modificações dispendiosas na conceção e nas ferramentas
- Realizar testes físicos inteligentes e rápidos, simulando-os primeiro
- Reduzir os pedidos de garantia através da redução das falhas
- Reduzir o custo e o peso testando várias opções de conceção
- Melhorar a coerência e a qualidade utilizando um fluxo de análise normalizado
- Altamente configurável para utilizadores experientes

4.4.1.3 Opções do nCode DesignLife

Vida sob tensão (SN), Vida sob deformação (EN), Fator de segurança, Fadiga dos pontos de soldadura, Fadiga dos cordões de soldadura, Fadiga por vibração, Fadiga termomecânica (TMF), Compósitos de fibras curtas/contínuas, Conjuntos ligados, Análise distribuída/multicore, ...

4.4.2 Metodologia Ansys nCode

O Ansys nCode DesignLife é uma ferramenta de análise de durabilidade que fornece um processo completo de diagnóstico de fadiga para prever a vida útil do produto.

É um software que funciona em paralelo com o Ansys Mechanical para avaliar de forma fiável a vida à fadiga. O Ansys nCode pode calcular os danos causados por cargas cíclicas para determinar a vida útil esperada de um produto, com base nos resultados da análise de elementos finitos do Ansys Mechanical e do Ansys LS-DYNA.

O processo completo de simulação numérica da haste da prótese da anca e a determinação da vida à fadiga realizada pelos produtos ANSYS combina várias ferramentas de simulação:

Em primeiro lugar, o ANSYS Mechanical foi utilizado para a análise estrutural por elementos finitos do nosso produto, que simula as tensões e deformações resultantes de um único carregamento.

Passámos então para o ANSYS nCode DesignLife, que simula a vida útil da haste combinando os resultados da análise de elementos finitos com cargas cíclicas e dados sobre o material utilizado.

4.4.3 Descrição da simulação

O ANSYS Workbench fornece o ambiente para a integração do nCode com outros módulos estruturais do ANSYS, como mostrado na Figura 4-7.

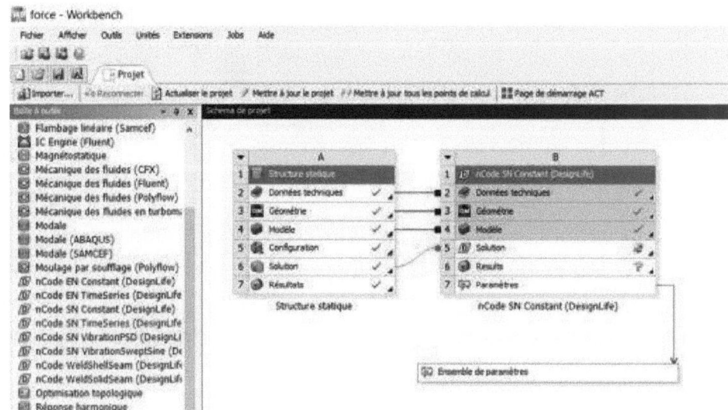

-Figura 4: Integração do nCode no Ansys Workbench

O objetivo desta simulação é estimar os danos de uma haste femoral sujeita a cargas elevadas, a fim de ganhar confiança e demonstrar a fiabilidade do dispositivo.

O software nCode funciona com os chamados "glifos", que podem ser adaptados a um fluxo de trabalho em função do problema a resolver. Como se pode ver na Figura 4-8, para o nosso problema, os glifos à esquerda introduzem a simulação das propriedades mecânicas, de carga e de material do Ansys. Todos convergem para o solucionador principal, o glifo de análise de tensões.

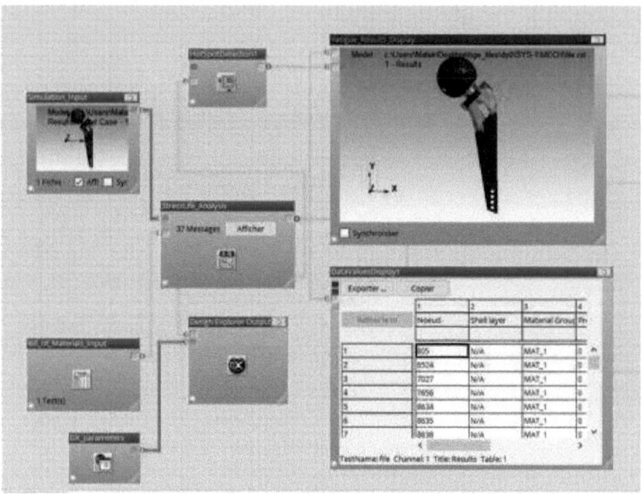

-Figura 4: Fluxo de trabalho do nCode

4.4.4 Resultados obtidos

- Modelo 1:

Depois de o nCode ter efectuado os cálculos, os resultados dos danos e da vida útil são apresentados como se mostra nas Figuras 4-9 e 4-10.

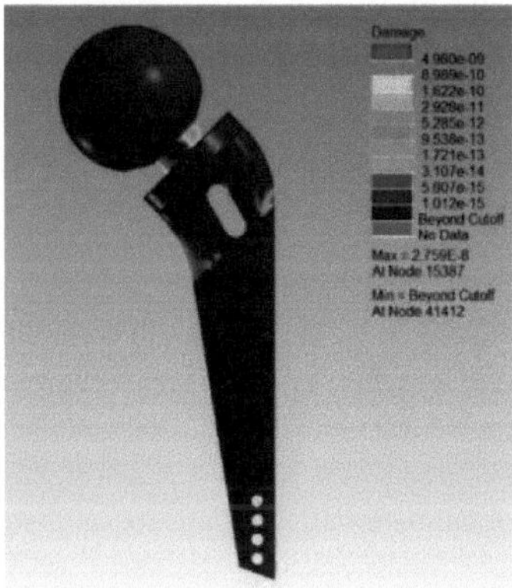

-Figura 4: Resultados de danos para o modelo totalmente cimentado

O dano máximo é calculado na zona do pescoço, onde o dano é de 1,432e-08. Se o dano fosse igual à unidade, a falha seria certa. Uma vez que o dano calculado é muito inferior a 1, as condições de trabalho não podem danificar a peça.

-Figura 41: Vida calculada pelo nCode para o modelo totalmente cimentado

A vida mínima é calculada em 1,120e+07, também na zona do pescoço.

- Modelo 2:

Os resultados relativos aos danos e à vida útil são apresentados nas Figuras 4-11 e 4-12.

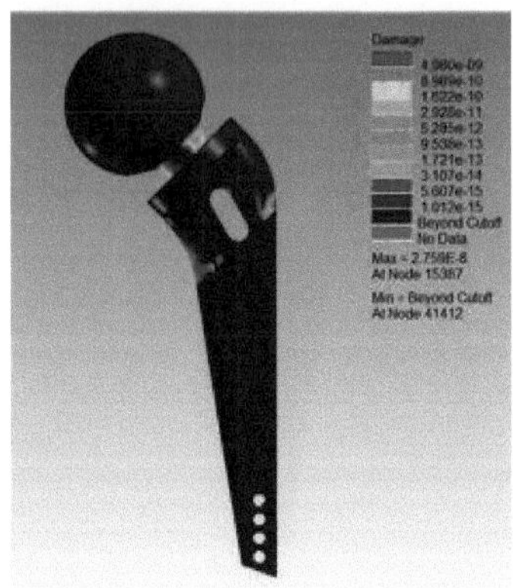

-Figura 42: Ilustração dos danos no modelo semi-cimentado

O dano máximo é calculado na zona do pescoço e aí o dano é de 4,978e-09. A prótese está longe de estar danificada.

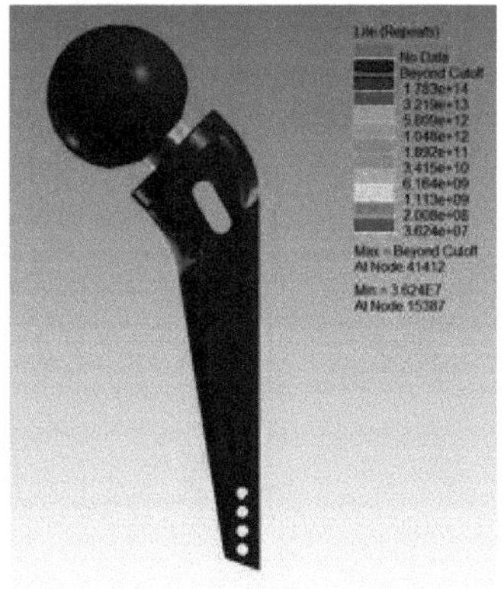

-Figura 43: Vida útil do modelo semi-cimentado

O tempo de vida mínimo na zona do pescoço é de 3,626e+07.

Os resultados obtidos para os dois modelos com uma força de 3000N são apresentados no quadro seguinte:

-Quadro 4: Resultados obtidos para os dois modelos com diferentes

	Dano (máximo)	Vida útil (Min)
Modelo 1	1.432e-08	1.120e+07

Modelo 2	4.978e-09	3.626e+07

Verificámos que o colo da prótese apresentava maiores danos por ciclo e tinha um tempo de vida mais curto em comparação com a haste. Isto sugere que o pescoço é a parte da prótese com maior probabilidade de se deteriorar primeiro.

A haste da prótese é mais resistente à fadiga, durando três vezes mais do que o pescoço e causando menos danos máximos.

4.5 Conclusão

A partir da nossa simulação utilizando o nCode DesignLife no Ansys Workbench, podemos concluir que a prótese pode suportar uma vida útil longa. E se quisermos aumentar o tempo de vida destas próteses, propomos efetuar um pós-tratamento nas áreas críticas ilustradas nas simulações anteriores, como o tratamento de choque superficial a laser (LSP).

CONCLUSÕES E PERSPECTIVAS

Com o desenvolvimento dos biomateriais utilizados nos implantes médicos e devido ao progresso científico, a vida humana está a tornar-se mais fácil e mais confortável. Neste contexto, foi realizado um estudo de resistência em hastes implantáveis para próteses da anca feitas de superliga de titânio Ti-6Al-4V, com o objetivo de determinar a resistência da haste femoral, a vida de fadiga policíclica da prótese e a localização de potenciais falhas.

Iniciámos este livro com uma pesquisa bibliográfica que ilustra vários estudos sobre os dados anatómicos da anca, estudos sintéticos sobre as próteses da anca, incluindo a sua história, composições, tensões e deformações das hastes implantáveis e as caraterísticas dos materiais utilizados, a fim de compreender melhor o funcionamento das próteses da anca.

Após o estudo bibliográfico necessário para a introdução das próteses da anca, passamos a uma revisão da literatura relativa aos trabalhos mais relevantes que têm sido realizados.

As cargas aplicadas à prótese da anca no decurso das actividades humanas geram tensões que variam ao longo do tempo, o que pode levar à falha do implante e à fadiga do material. Neste contexto, o terceiro capítulo apresenta uma simulação numérica utilizando o MEF para determinar as tensões máximas, os deslocamentos totais e as deformações elásticas devidas à aplicação de cargas máximas na haste femoral de uma prótese da anca.

A previsão da vida de fadiga de uma prótese da anca oferece vantagens para os jovens desportistas.

No capítulo final, foi efectuada uma simulação numérica utilizando o software nCode DeseignLife para determinar a vida à fadiga da prótese e a localização de potenciais falhas. Assumiu-se que o ciclo de carga de um movimento é sinusoidal.

Assumiu-se que o ciclo de fadiga é sinusoidal, embora exista uma diferença entre os resultados previstos pelos testes padrão de implantes e as cargas reais que podem ocorrer na prática. Por esta razão, o nosso objetivo é analisar a prótese sob cargas correspondentes ao peso do corpo, bem como sob a carga máxima real que é suposto ocorrer durante o ciclo de movimento (carga dinâmica).

Desta forma, podemos efetuar um ensaio prático de fadiga num modelo real, a fim de comparar os resultados com a análise digital. Seria igualmente interessante abordar o tema de investigação do fabrico de próteses médicas impressas por fabrico aditivo de metal.

ANEXOS 1

A1. Cirurgia da anca

A substituição total da anca requer o acesso à articulação entre a bacia e o fémur. Existem várias formas de aceder a esta articulação. A abordagem anterior minimamente invasiva tem a vantagem de preservar o ambiente da anca, evitando cortar qualquer músculo ou tendão.

A abordagem anterior minimamente invasiva de Hueter oferece uma série de vantagens. Ao contrário das técnicas habitualmente utilizadas (abordagem póstero-lateral de Moore, abordagem anterior de Hardinge, abordagem transtrocantérica), esta abordagem permite preservar as estruturas anatómicas circundantes, uma vez que é uma técnica que permite aceder à anca sem cortar as estruturas musculotendinosas ou ósseas. [45]

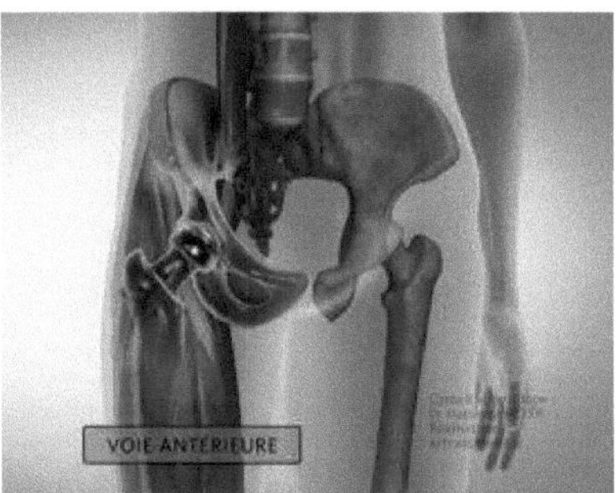

Figura A1- 1: Prótese total da anca anterior minimamente invasiva

A1.1 Abordagem anterior minimamente invasiva

Após uma pequena abertura na pele, o acesso à articulação é obtido através da utilização gradual de retractores para reclinar as diferentes camadas musculares até à cápsula, que é o invólucro da articulação.

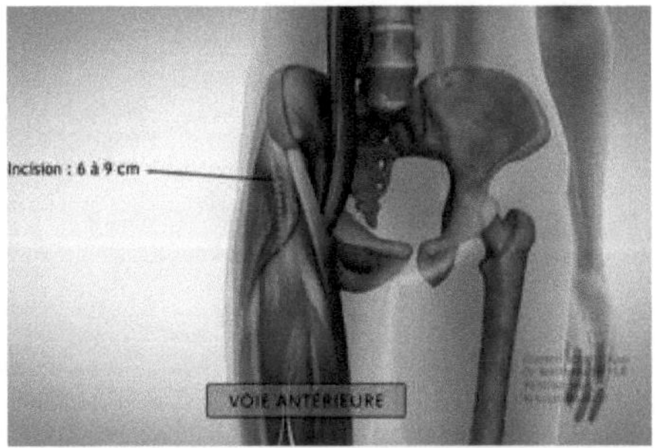

Figura A1- 2: Incisão de 6 a 9 cm

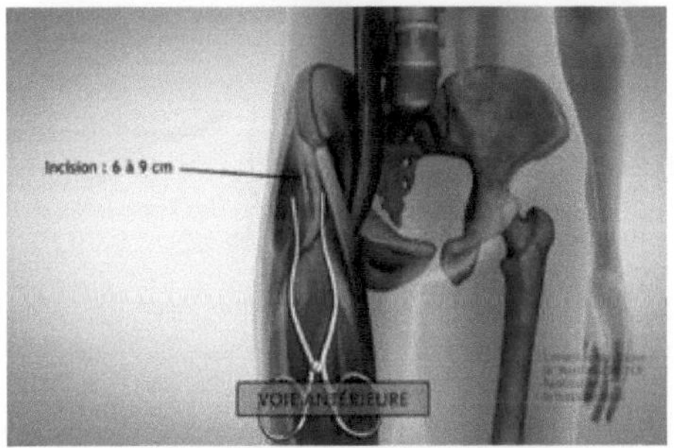

Figura A1- 3: Abertura da pele com retractores

A cápsula articular é aberta para expor o colo do fémur, que é seccionado com uma serra oscilante e a cabeça do fémur é removida.

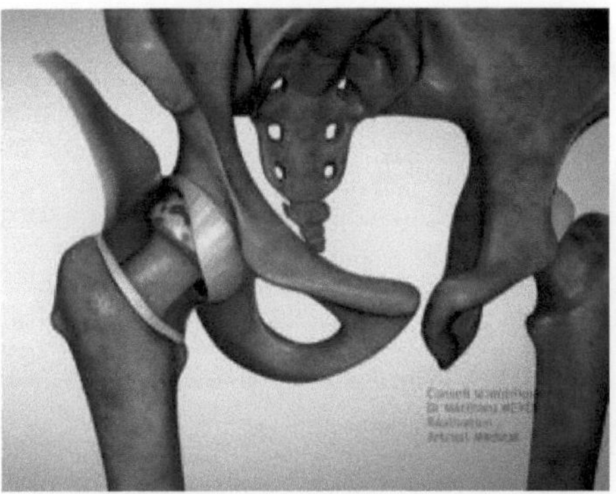

Figura A1- 4: Abertura da cápsula e exposição do colo do fémur

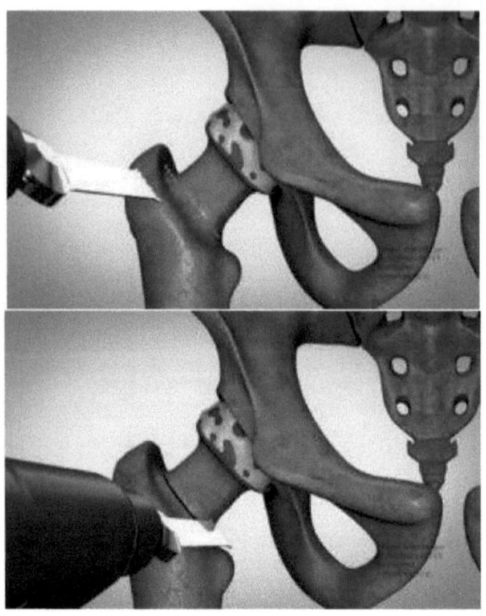

Figura A1- 5: Secção do colo do fémur

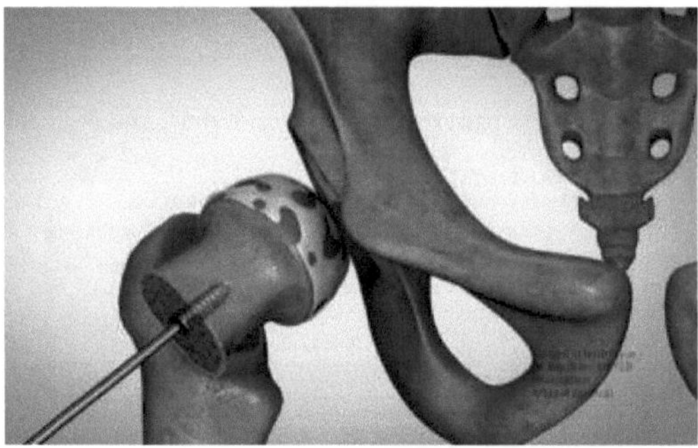

Figura A1- 6: Extração da cabeça do fémur

A cavidade articular da pélvis é preparada com brocas rotativas e, em seguida, a cúpula protésica definitiva é colocada. No interior desta cúpula, é colocada uma inserção que se articula com o implante femoral.

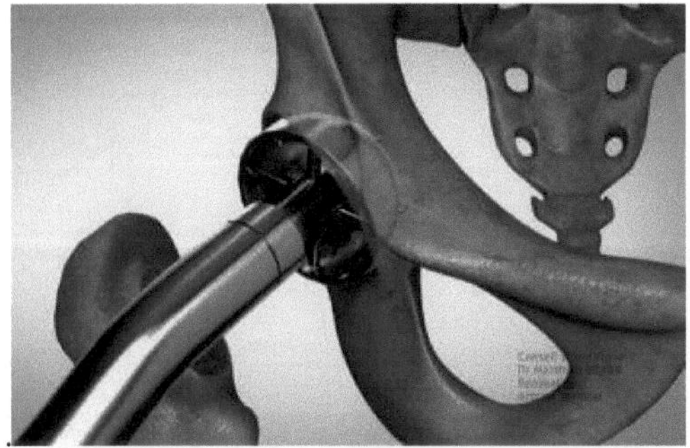

Figura A1- 7: Preparação da cavidade acetabular

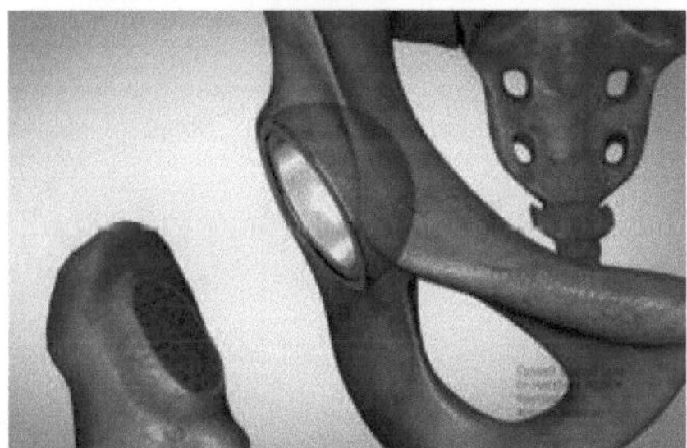

Figura A1- 8: Colocação do implante acetabular

Em seguida, o fémur é preparado para receber o implante, sendo cateterizado e preparado com raspagens de tamanho crescente.

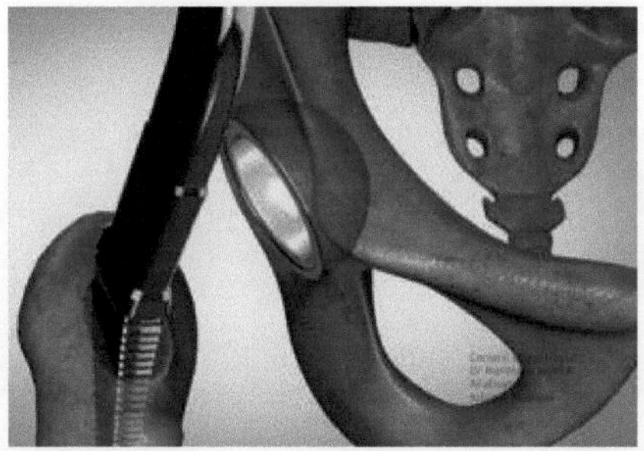

Figura A1- 9: Preparação para receber a haste femoral com limas

Uma vez concluída a preparação do fémur, é inserida a haste protésica definitiva, na qual é encaixada a esfera que irá articular-se com o implante pélvico.

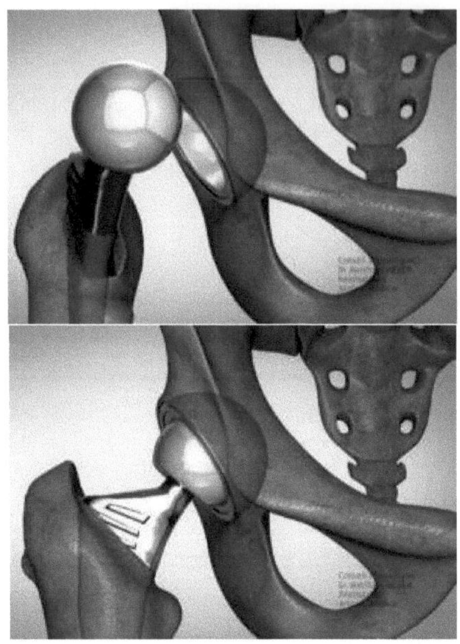

Figura A1- 10: Colocação do implante femoral definitivo

A prótese está colocada, a cápsula pode ser cuidadosamente fechada e os retractores retirados. Os músculos regressam então às suas posições originais sem terem sido minimamente cortados.

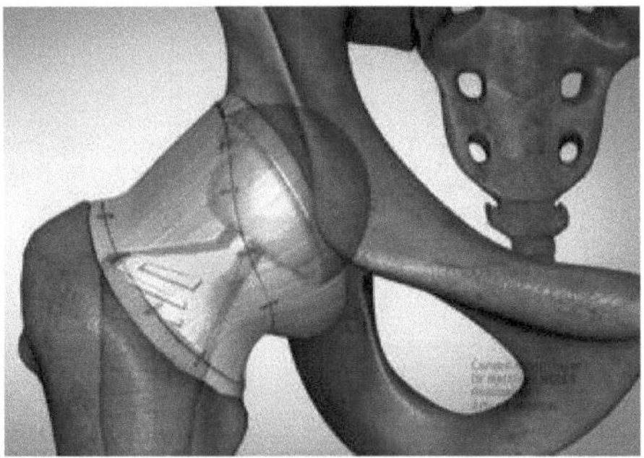

Figura A1- 11: Fecho da cápsula

Esta preservação da musculatura tendinosa é a principal vantagem desta técnica cirúrgica em relação a outras abordagens, nomeadamente a abordagem posterolateral ainda hoje muito utilizada, que atravessa as fibras do músculo glúteo máximo e corta os tendões pélvicos, desestabilizando a articulação e aumentando o risco de luxação da prótese.

A1.2 Complicações

Infelizmente, não existe risco zero em cirurgia. Todas as operações comportam riscos e têm os seus limites.

Alguns riscos são comuns a todos os tipos de cirurgia. É o caso da infeção, em que os micróbios atacam a zona operada. Felizmente, trata-se de uma complicação rara, mas quando ocorre, é necessário lavar a prótese aquando de uma nova operação e tomar antibióticos. Mais raramente, certas infecções podem exigir a substituição da prótese. Podem também ocorrer hematomas na zona operada. Normalmente, isto é evitado ou limitado pela colocação de um dreno de sucção no final da operação, que será removido nos dias seguintes à operação. Por vezes, em caso de hemorragia importante, pode ser necessária uma transfusão de sangue. Em casos excepcionais, pode ser necessária uma intervenção cirúrgica para evacuar um grande hematoma sob tensão.

A cirurgia da anca também aumenta o risco de flebite, que pode ser complicada por embolia pulmonar. Para minimizar este risco, é prescrito um tratamento anticoagulante para diluir o sangue (sob a forma de injecções diárias ou comprimidos) durante o mês seguinte à operação.

Existem também riscos específicos da cirurgia de substituição da anca. Em primeiro lugar, a prótese pode deslocar-se (luxação). A deslocação ocorre mais frequentemente nas primeiras semanas após a colocação da prótese, quando tudo à sua volta ainda não está cicatrizado. Quando a prótese se desloca, é necessário um curto período de anestesia para a voltar a emboscar. Também acontece que as duas pernas não tenham exatamente o mesmo comprimento após a operação. Esta desigualdade de comprimento é muitas vezes bem tolerada e passa despercebida. Se não for esse o caso e houver claudicação, podemos prescrever o uso de uma sola de compensação.

Por fim, podem também ocorrer complicações mais raras. Pode ocorrer uma fratura do fémur quando este é manuseado durante a operação. Esta situação provoca geralmente um atraso na retoma da carga. Os nervos também podem ser acidentalmente danificados durante a operação, com risco de paralisia ou perda de sensibilidade no membro operado, que pode ser temporária ou permanente. [45]

ANEXOS 2

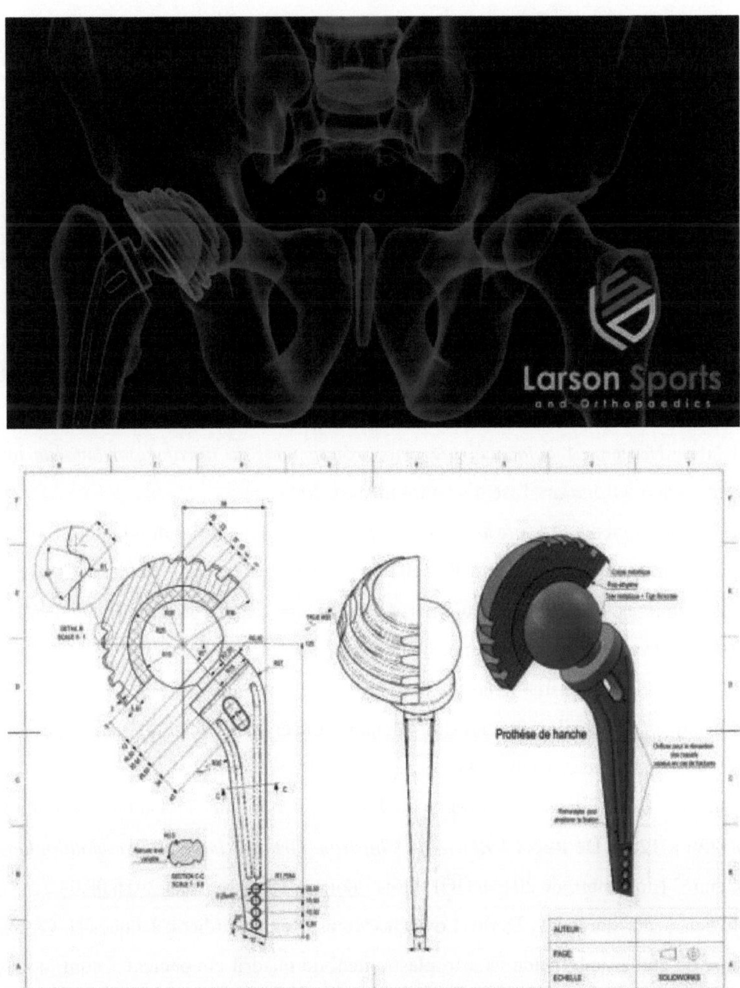

Figura A2- 1: Desenho geral de um modelo real da prótese da anca da Larson Sport Orthopaedics.

BIBLIOGRAFIA

[1] Christophe Chevillotte. *Biomechanical Study of the Ceramic-Ceramic Friction Torque in Cementless Total Hip Prostheses (Estudo biomecânico do binário de fricção cerâmica-cerâmica em próteses totais da anca sem cimento*). Engenharia biomédica. Tese de doutoramento, UNIVERSITE DE LYON, 2012

[2] Armelle Perrichon. *Tribologia e envelhecimento de próteses totais de anca biocerâmicas, in vitro = in vivo? Questões científicas e sociais*. Outros. Tese de doutoramento, Universidade de Lyon, 2017.

[3] Juliana Uribe Perez. *Análise multiescala da durabilidade de biocerâmicas para próteses de anca. Estudos in vitro e ex vivo*. Outros. Tese de doutoramento, Ecole Nationale Supérieure des Mines de Saint-Etienne, 2012.

[4] Jabri, Mariem. *A colocação de uma prótese total da anca: contributo de um farmacêutico hospitalar.* Tese de doutoramento, 2009.

[5] Prigent, François. *A história das próteses da anca*. Tese de doutoramento, 1985.

[6] Fischer, Louis-Paul, Wilfrid Planchamp, Bénédicte Fischer e Frédéric Chauvin. "Les premières prothèses articulaires de la hanche chez l'homme (1890-1960)." *History of Medical Sciences* 34, no. 1 (2000): 57-70.

[7] "A história das hastes femorais não cimentadas". Grupo GILES, 17 de abril de 2022. https://groupegiles.org/en/history-femoral-uncemented-femoral-stems/ .

[8] Louboutin, Lucie, Romain Desmarchelier e Michel-Henry Fessy. "Analyse Du Risque de Descellement Aseptique de La Tige Corail de Troisième Génération (Depuy) à 12ans De Recul." *Revue de Chirurgie Orthopédique et Traumatologique* 102, no. 7 (novembro de 2016). DOI: https://doi.org/10.1016/j.rcot.2016.08.043 .

[9] Puch, Jean-Marc, Guy Derhi, Loys Descamps, Régis Verdier e Jacques H. Caton. "Copa de dupla mobilidade na artroplastia total do quadril em pacientes com menos de cinquenta e cinco anos e mais de dez anos de acompanhamento". *International Orthopaedics* 41, no. 3 (8 de novembro de 2016): 475-80. DOI: https://doi.org/10.1007/s00264-016-3325-x .

[10] Ligia Miriam Amavizca Ruiz. *Reconstrução 3D da pelve humana a partir de imagens médicas multimodais incompletas. Aplicação na assistência à cirurgia de*

substituição total da anca (THR). Automação / Robótica. Tese de doutoramento, Institut National Polytechnique de Grenoble- INPG, 2005.

[11] Servagent, Raphaël. "Planeamento 3D de uma prótese total da anca". Elsan, 11 de abril de 2014. https://www.elsan.care/fr/nos-actualites/planification-3d-dune-prothese-totale-de-hanche/ .

[12] Mainard, D., O. Barbier, Y. Knafo, R. Belleville, L. Mainard-Simard, e J.-B. Gross. "Exatidão e Reprodutibilidade da Planificação 3d dos Próteses Totais de Hanche (PTH) Baseada na Radiografia por Balayage Linéaire Biplan à Faible Radiation: Étude Pilote." *Journal of Orthopaedic and Traumatologic Surgery* 103, no. 4 (junho de 2017): 377-82. DOI: https://doi.org/10.1016/j.rcot.2017.03.006 .

[13] Odaira, Takumi, Sheng Xu, Kenji Hirata, Xiao Xu, Toshihiro Omori, Kosuke Ueki, Kyosuke Ueda, et al. "Ligas de Co-Cr superelásticas flexíveis e resistentes para aplicações biomédicas". *Materiais avançados* 34, no. 27 (3 de junho de 2022). DOI: https://doi.org/10.1002/adma.202202305 .

[14] Que Choisir. "Prothèses de Hanche : Les Plus Récentes Ne Sont Pas Forcément Les Meilleures". 30 de maio de 2022. https://www.quechoisir.org/actualite-protheses-de-hanche-les-plus-recentes-ne-sont-pas-forcement-les-meilleures-n72451/.

[15] Marwa Ben Braham. *Comportamento à fadiga e ao desgaste de biocerâmicas utilizadas na conceção de próteses osteoarticulares*. Biomecânica. Tese de doutoramento, Universidade de Lyon; Escola Nacional de Engenharia de Tunis (Tunísia), 2021

[16] Ikrame BERRAMOU. *Tratamento da prótese total da anca na displasia da anca*. Tese de doutoramento, Faculdade de Medicina e Farmácia, Marraquexe, 2019

[17] Kharmanda, Ghias, e Abdelkhalak El Ham. *Fiabilidade em biomecânica: análise e aplicações.* Londres: ISTE Editions, 2017.

[18] "Joint prostheses". *Rheumatism.* 24 de maio de 2022. https://www.rhumatismes.net/index.php?id_q=425.

[19] Joelho da anca. "PTH de dupla mobilidade: uma revolução francesa". Última modificação em 18 de março de 2022. https://www.genouhanche.fr/fr/hanche/pth-a-double-mobilite-une-revolution-francaise.html.

[20] Boulila, Atef, Khemaïes Jendoubi, Ali Zghal, Mustapha Khadhraoui e Patrick Chabrand. "Comportement Mécanique Des Prothèses Totales de Hanche Au Pic de

Chargement". *Mécanique & Industries* 11, no. 1 (janeiro de 2010): 25-36. DOI : https://doi.org/10.1051/meca/2010013 .

[21] Delikanli, Yunus E, e Mehmet C Kayacan. "Conceção, fabrico e análise da fadiga de implantes de anca leves". *Journal of Applied Biomaterials & Functional Materials* 17, no. 2 (abril de 2019): 228080001983683. DOI: https://doi.org/10.1177/2280800019836830 .

[22] Jerbi, Hana, Daniel Nélias, e Marie-Christine Baietto. "Etude et modélisation de l'endommagement du contact revêtu soumis à des sollicitations de fretting-fatigue." do *Congrès Français de Mécanique (CFM 2015)*, Lyon, França, agosto de 2015.

[23] Mounir Fruja, Tarek Hassine, R. Fathallah, Abdelwaheb Dogui. "Finite Element Modelling of Shot Peening Process: Prediction of the Compressive Residual Stresses, the Plastic Deformations and the Surface Integrity" [Modelação por elementos finitos do processo de shot peening: previsão das tensões residuais compressivas, das deformações plásticas e da integridade da superfície]. *Materials Science and Engineering: A* 426, no. 1-2 (junho de 2006): 173-80. DOI: https://doi.org/10.1016/j.msea.2006.03.097 .

[24] Aid, A. *Cumul d'endommagement en fatigue multiaxiale sous sollicitations variables*. Tese de doutoramento, Universidade de Sidi-Bel Abbes, Argélia, 2006.

[25] Migaud, Henri, Julien Girard, Olivier May, Marc Soenen, Yannick Pinoit, Philippe Laffargue e Gilles Pasquier. "Les Arthroplasties de Hanche Aujourd'Hui: Principaux Matériaux, Voies d'abord". *Revue du Rhumatisme* 76, no. 4 (abril de 2009): 367-73. DOI: https://doi.org/10.1016/j.rhum.2008.04.026 .

[26] Subhedar, Prajakta, Gajanan Thokal e C.R. Patil. "Poliamida12 reforçada com fibra de carbono como um biomaterial para implante". *Jornal Internacional de Engenharia e Tecnologia Atual* 6, no. 2 (abril de 2016): 568-571.

[27] CTIF. "Ligas de titânio para a área médica". 5 de março de 2018. https://metalblog.ctif.com/les-alliages-de-titane-pour-le-medical/.

[28] Kumar, Abhinav, Apoorv Rathi, Jagjit Singh e N. K. Sharma. "Studies on Titanium Hip Joint Implants Using Finite Element Simulation." Em *Actas do Congresso Mundial de Engenharia*, Vol. 2, 986-990. Londres, Reino Unido: IAENG, 2016. DOI: http://dx.doi.org/10.13140/RG.2.1.3851.0325 .

[29] Colic, Katarina, Aleksandar Sedmak, Aleksandar Grbovic, Uros Tatic, Simon Sedmak e Branislav Djordjevic. "Modelagem de elementos finitos do carregamento estático do implante de quadril". *Procedia Engineering* 149 (2016): 257-62. DOI: https://doi.org/10.1016/j.proeng.2016.06.664 .

[30] MatWeb. "Material Property Data." Última modificação em 2 de maio de 2022. https://www.matweb.com.

[31] Chahid, Younes. "How to Design and Optimize a Patient Specific Additively Manufactured Hip Implant Stem." *nTop*, 27 de abril de 2020. https://www.ntop.com/resources/blog/how-to-design-and-optimize-a-patient-specific-additively-manufactured-hip-implant-stem/.

[32] AMFG. "Destaque do aplicativo: impressão 3D para implantes médicos". 22 de março de 2022. https://amfg.ai/application-spotlight-3d-printing-for-medical-implants/.

[33] I. Eldesouky, O. Abdelaal e H. El-Hofy, "Femoral hip stem with additively manufactured cellular structures," *2014 IEEE Conference on Biomedical Engineering and Sciences (IECBES)*, Kuala Lumpur, Malaysia, 2014, pp. 181-186, DOI: https://doi.org/10.1109/IECBES.2014.7047482 .

[34] Annanto, Gilar Pandu, Eko Saputra, J. Jamari, Athanasius Priharyoto Bayuseno, Rifky Ismail, Mohammad Tauviqirrahman e Iwan Budiwan Anwar. "Numerical Analysis of Stress Distribution on Artificial Hip Joint Due to Jump Activity". In *Proceedings of the E3S Web of Conferences,* 73(), 12005-. DOI: https://doi.org/10.1051/e3sconf/20187312005 .

[35] AMTI. "Hip Simulator." junho de 2022. https://www.amti.biz/product/hip-simulator/.

[36] Galanis, Nikolaos I., e Dimitrios E. Manolakos. "Conceção de um Simulador de Articulação da Anca de acordo com a norma ISO 14242." Em *Actas do Congresso Mundial de Engenharia*, Vol. III, 2088-2093. Londres, Reino Unido, 6-8 de julho de 2011.

[37] Kedadria, Abderrazak. 2018. "Simulador de anca". 14 de agosto. https://grabcad.com/library/hip-simulator-1.

[38] De Pieri, E., D.E. Lunn, G.J. Chapman, K.P. Rasmussen, S.J. Ferguson, e A.C. Redmond. "As caraterísticas do paciente afectam as forças de contacto da anca durante

a marcha". *Osteoartrite e Cartilagem* 27, no. 6 (junho de 2019): 895-905. DOI: https://doi.org/10.1016/j.joca.2019.01.016.

[39] Bergmann, G, G Deuretzbacher, M Heller, F Graichen, A Rohlmann, J Strauss, e G.N Duda. "Forças de Contacto da Anca e Padrões de Marcha de Actividades de Rotina". *Journal of Biomechanics* 34, no. 7 (julho de 2001): 859-71. DOI: https://doi.org/10.1016/s0021-9290(01)00040-9 .

[40] Bergmann, G., F. Graichen, and A. Rohlmann. "Carga da articulação da anca durante a marcha e a corrida, medida em dois pacientes". *Journal of Biomechanics* 26, no. 8 (agosto de 1993): 969-90. DOI: https://doi.org/10.1016/0021-9290(93)90058-m .

[41] Taleb Hosni Abderrahmane. *Capítulo 3: As leis do comportamento*. Centro Universitário de Mila, janeiro de 2021, p45.

[42] Abdulkader Zalt. *Previsão de danos por fadiga e vida útil de estruturas soldadas do tipo caixa*. Outro. Tese de doutoramento, Universidade de Lorena, 2012.

[43] Ritwik Bandyopadhyay. *Assegurar o desempenho à fadiga através da elevação específica do local em componentes aeroespaciais feitos de ligas de titânio e superligas à base de níquel.* Tese de doutoramento, Universidade de Purdue (2020). DOI: https://doi.org/10.25394/PGS.12168018.v1 .

[44] Imade Koutiri. *Efeito de tensões hidrostáticas elevadas na vida à fadiga de materiais metálicos*. Mecânica dos materiais. Tese de doutoramento, École nationale supérieure Arts et Métiers ParisTech, 2011

[45] Meyer, Matthieu. "Prótese de Anca de Via Anterior Mini-Invasiva". *Dr. Meyer Orthopaedics*. Última modificação em 16 de abril de 2022. https://www.dr-meyer-orthopedie.fr/operations/hanche/prothese-totale-de-hanche/prothese-hanche-voie-anterieure-mini-invasive.

Printed by Books on Demand GmbH, Norderstedt / Germany